Arduino 编程从零开始
(第 3 版)

[美] 西蒙·蒙克(Simon Monk)　著

王　超　　　　　　　　译

清華大學出版社

北　京

北京市版权局著作权合同登记号　图字：01-2023-1869

Simon Monk

Programming Arduino: Getting Started with Sketches, Third Edition

978-1-264-67698-9

图书在版编目(CIP)数据

Arduino编程从零开始：第3版 / (美) 西蒙·蒙克(Simon Monk) 著；王超译. —北京：清华大学出版社，2023.6

书名原文：Programming Arduino: Getting Started with Sketches, Third Edition

ISBN 978-7-302-63578-9

I. ①A… Ⅱ. ①西…②王… Ⅲ. ①单片微型计算机—程序设计 Ⅳ. ①TP368.1

中国国家版本馆CIP数据核字(2023)第090902号

责任编辑：王　军
装帧设计：孔祥峰
责任校对：成凤进
责任印制：朱雨萌

出版发行：清华大学出版社
　　　　　网　　址：http://www.tup.com.cn，http://www.wqbook.com
　　　　　地　　址：北京清华大学学研大厦 A 座　　　　　邮　　编：100084
　　　　　社 总 机：010-83470000　　　　　　　　　　　邮　　购：010-62786544
　　　　　投稿与读者服务：010-62776969，c-service@tup.tsinghua.edu.cn
　　　　　质 量 反 馈：010-62772015，zhiliang@tup.tsinghua.edu.cn
印 装 者：三河市春园印刷有限公司
经　　销：全国新华书店
开　　本：148mm×210mm　　　印　　张：5.25　　　字　　数：166 千字
版　　次：2023 年 6 月第 1 版　　　印　　次：2023 年 6 月第 1 次印刷
定　　价：49.80 元

产品编号：100095-01

译 者 序

　　Arduino 是一款便捷灵活、易于上手的开源电子开发平台，自 2005 年推出以来，在全球掀起了经久不衰的创客风潮。它的强大功能，可以满足各个层次、不同场合的应用需求。从可穿戴智能设备，到大型工业机器人，从深海自主探测器，到 NASA 发射的创客卫星，甚至在欧洲原子能机构的大型强子对撞机上都能见到 Arduino 的身影。革命性技术的诞生都伴随着传统行业门槛的大幅降低。例如，冷兵器时代，骑士们要花费一生时间学习剑术、马术和各种格斗技术。但火枪诞生后，只要扣动扳机就行了。Arduino 的最大贡献就是，给极为复杂难懂的电子制作"装上了扳机"——它把极客们最头疼的电子电路和底层驱动库都集成到黑箱，进而省略了大部分与电路和硬件驱动相关的操作，最终只剩下简单的控制逻辑。这让程序员不必学习复杂的电子基础，也能轻松制作出精良、可靠的电子创意产品。

　　对初学者来说，一本好的入门书籍可以让你获益良多，但目前市面上与 Arduino 相关的书籍种类之多，涉及的领域之广，往往令人眼花缭乱，难以选择。《Arduino 编程从零开始》(第 3 版)是众多 Arduino 学习资源中的经典，在创客圈中影响颇深。本书的作者是 Arduino 爱好者、电子大师 Simon Monk。从少年时代起，Simon Monk 就是一名活跃的电子玩家，并担任业余电路杂志的兼职作者。Monk 博士撰写了 20 余种有关创客和电子题材的著作，本书作为他的经典之作，将帮助大量电子爱好者入门 Arduino 编程，Monk 对 Arduino 的推广功不可没。

　　本书在上一版的基础上，对部分章节内容进行了修订。新增了第 6 章"开发板"，其中介绍了常见的开发板类型。另外，第 10 章新增的内容包括如何对支持 WiFi 的电路板进行编程，以便向 Internet 上的服务发送 Web 请求，并对设备进行编程，使其作为本地网络上的 Web 服务器。此外，本书也随着硬件设备的不断推陈出新对章节内容进行了调整，使用最新的开发板、软件开发环境以及外围硬件设备，全方位地升级了全书内容。

正所谓"耳闻之不如目见之，目见之不如足践之"，学习的最佳方法就是亲自动手实践。考虑编程过程的烦琐和枯燥，本书作者已将全部项目代码上传至支持网站，并在每章中都给出了可供参考的资源链接以方便读者参考和使用。你可以使用作者提供的代码快速上手，实现项目需求，领略程序之美，但照搬代码终归不是编程之道，知者明其形而深谙其意，所以译者建议各位读者在使用作者的源代码熟练掌握语法、深入理解程序逻辑后，用自己的风格重新编写例程，如此方能成为理论和行动上的"巨人"。

在这里要感谢清华大学出版社的编辑，他们为本书的翻译投入了巨大的热情并付出了很多心血。没有他们的帮助和鼓励，本书不可能顺利付梓。

本书全部内容由王超翻译。对于这本经典之作，译者在翻译过程中虽力求"信、达、雅"，但是鉴于译者水平，失误在所难免，如有任何意见和建议，请不吝指正，感激不尽！

最后，希望读者通过阅读本书能早日掌握 Arduino 编程，体验创客乐趣！

译者

作 者 简 介

　　Simon Monk，控制学与计算机科学学士，软件工程博士。从少年时代起，他就是一名活跃的电子玩家，并担任业余电路杂志的兼职作者。Monk 博士撰写了 20 余种有关创客和电子题材的著作，尤其是Arduino 和 Raspberry Pi。Simon 还为 MonkMakes 有限公司(见链接[1])设计产品。

　　你可以在网站(见链接[2])上找到他的更多作品，也可以关注他的推特@simonmonk2。

致　谢

　　我想感谢 Linda 给了我时间、场地并支持我完成本书，同时感谢她忍受了我因为在家中制作电子项目而造成的脏乱。

　　最后，我想感谢 Lara Zoble 和每位参与本书出版工作的人，与如此优秀的团队合作是我的荣幸。

序　言

本书的第 1 版已于 2011 年 11 月出版，在亚马逊网站的 Arduino 同类书籍销售排行榜中位居第一。

Arduino Uno 依然被公认为是一款优秀的 Arduino 开发板。但也出现了许多其他的开发板，包括官方出品的 Arduino 开发板(如 Leonardo、Nano 和 Pro Mini)和其他与 Arduino 兼容的设备，如 Raspberry Pi Pico 和基于 ESP32 的开发板，以及来自 Adafruit 的大量 Feather 电路板也已出现。

Arduino 软件可用于许多系列的微控制器，已成为许多嵌入式程序员的首选环境。

本书的第 3 版还介绍了 Arduino 在物联网(Internet of Things，IoT)项目和包括 OLED 及 LCD 在内的多种显示设备上的应用。

Simon Monk

前 言

在创建基于微控制器的项目方面，Arduino 接口的开发板提供了一种低成本、便于使用的技术。只需要掌握很少的电子学基础知识，就可以让 Arduino 实现从控制布景灯光到管理太阳能系统的电力在内的方方面面。

有很多基于项目的书籍会向你介绍如何把设备连接到 Arduino 上，包括本书作者的 *30 Arduino Projects for the Evil Genius* 一书。但是，本书重点关注如何使用 Arduino IDE 来编写 Arduino 程序和 Arduino 兼容板。

本书将讲解如何让 Arduino 编程变得简单有趣，避免使用那些往往会让项目受阻的、棘手的代码。在本书的指导下，你会从 Arduino 使用的最基础的 C 语言开始，一步步了解 Arduino 编程过程。

0.1 什么是 Arduino

Arduino 是指用于微控制器板编程的硬件和软件环境。因为微控制器板有各种形状和尺寸，所以标准开发板将选择最受欢迎的官方出品的 Arduino 板 Arduino Uno。

Arduino Uno 是一款小型微控制器开发板，使用 USB(Universal Serial Bus，通用串口总线)接口连接到计算机，并且拥有大量可以用来连接像电机、继电器、光传感器、激光二极管、扩音器、麦克风等外部电子元器件的接口。这些外部设备可通过计算机的 USB 接口连接，可通过电池或外部电源供电。它们可由计算机直接控制或在编程后独立运行。

官方出品的 Arduino 开发板和许多 Arduino 兼容板的设计是开源的，这意味着任何人都可以制作 Arduino 兼容的开发板。这种竞争带来了低成本的开发板和在"标准"开发板基础上加以改进的各类板型。

可通过在顶部插入扩展板的方式对 Arduino 主控板的功能进行扩充。

　　Arduino 编程软件简单易用，并且可免费在 Windows、macOS 和 Linux 系统中使用。该软件还有一个基于浏览器的版本。

0.2　需要准备什么

　　本书面向初学者，但也可为那些已使用过 Arduino，并且想了解关于 Arduino 编程的更多知识，或者想深入探究其中原理的人带来帮助。依照这个定位，除了第 10 章使用了与 ESP32 Arduino 兼容的开发板，本书将重点放在了 Arduino Uno 开发板的使用上。当然，几乎所有的代码都可以不经修改地直接在所有 Arduino 模型和各种与 Arduino 兼容的微控制器板上使用。

　　学习本书，读者不需要拥有任何编程经验或技术背景，本书的全部练习也不需要去动手焊接。你所需要的就是对创造的渴望。

　　如果想充分利用本书并尝试其中的一些实验，那么手头有以下物品是很有帮助的：

- 几根实心导线
- 一台便宜的数字万用表

　　只需要花几块钱就可以很容易地从电子元器件商店或网络经销商(如 Adafruit 或 Sparkfun)那里买到它们。当然，你还需要一块 Arduino Uno 开发板。在第 10 章，还需要用到一款便宜的 ESP32 Arduino 兼容软件，如 Lolin32 Lite。

　　如果想要进一步了解并尝试一些使用显示器和网络连接的实验，需要从网上购买一些扩展板，详见第 9 章和第 10 章。

0.3　如何使用本书

　　本书在内容安排上循序渐进，能够让你以一种简单的方式上手。但是当你找到合适的定位并开始阅读本书时，你可能会发现自己可以跳过或只需要粗略阅读前面的章节。

本书按如下顺序组织章节内容。

第 1 章：Arduino 入门。你将使用 Arduino 开发板开始自己的首个实验，即安装软件，上电，然后上传你的第一个项目。

第 2 章：C 语言基础。该章涵盖 C 语言的基础语法。对于编程初学者，该章也可作为一本普通的编程教材。

第 3 章：函数。该章讲解在 Arduino 项目中使用和编写函数的关键概念。这些项目都包含可运行的示例代码以进行演示。

第 4 章：数组和字符串。该章介绍如何使用比整型变量更高级的数据结构。通过逐步开发一个摩尔斯电码例程来解释这些概念。

第 5 章：输入和输出。该章介绍如何在程序中使用 Arduino 开发板上的数字和模拟输入/输出接口。通过万用表有助于了解 Arduino 输入/输出接口上所发生的情况。

第 6 章：开发板。该章介绍各种 Arduino 和 Arduino 兼容板，以帮助你为项目选择合适的板。

第 7 章：高级 Arduino。该章介绍如何使用 Arduino 标准库中的 Arduino 函数以及 Arduino 编程的一些其他高级功能。

第 8 章：数据存储。该章介绍如何编写可在 EEPROM (Electrically Erasable Programmable Read Only Memory，电可擦可编程只读存储器)中存储数据并利用 Arduino 内置闪存(Flash Memory)的项目。

第 9 章：显示器。该章讲解如何将 Arduino 和显示器连接起来并制作简单的 USB 留言板。

第 10 章：Arduino 物联网程序设计。该章讲解如何让 Arduino 像 Web 服务器那样运行并使用服务与互联网通信。

0.4　下载资源

本书由专门的网站(见链接[1])提供技术支持。

可从这个网站找到本书使用的所有源代码以及其他资源，如勘误表。也可通过扫描封底的二维码来获取这些资源。

0.5　有关书中链接的说明

注意，读者在阅读本书时会看到一些有关链接的编号，其形式是数字编号加方括号([])，例如[1]表示读者可扫描本书封底二维码下载 Links 文件，找到对应章节中[1]所指向的链接。

目　　录

第1章

Arduino 入门

Arduino 是一款能极大激发电子爱好者想象力的微控制器平台，易于使用和开源的特性使它成为电子项目开发者的绝佳选择。

基本上，把电子元器件连接到 Arduino 的接口上，Arduino 就可以控制这些元件——例如，开关灯和电机，或者检测光照和温度。这就是 Arduino 有时会提供物理运算描述的原因。因为 Arduino 开发板可以通过 USB 接口连接到计算机，所以可将 Arduino 用作接口板来控制计算机中相同的电子器元件。

本章对 Arduino 系统进行简单介绍，包括 Arduino 的历史、背景以及 Arduino Uno 和 Lolin32 Lite 的概述，本书中将使用这两个 Arduino 板。

1.1 微控制器

Arduino 的核心是微控制器。从给开发板供电到允许开发板和桌面计算机进行通信在内的几乎所有方面都与它息息相关。

微控制器本质上是一台片上微型计算机，拥有组成一台计算机的所有结构并且已经超越了第一代家用计算机。微控制器内有一个处理器、少量用来存储数据的随机存取存储器(Random Access Memory，RAM)、一些用来存储程序的可擦除可编程只读存储器(Erasable Programmable Read Only Memory，EPROM)或闪存，以及输入/输出(I/O)引脚。这些输入/输出引脚将其他电子元器件连接到微控制器上。

输入引脚可以读取数字量(导通还是关闭)和模拟量(引脚上的电压是多少)。这让你有机会将许多不同种类的传感器(如用于光照、温度、声音等的传感器)连接到你的微控制器上。

输出引脚也可以接收数字量和模拟量。因此,可以设置一个引脚是导通还是关闭(0V 还是 5V),从而可以直接控制一个 LED 开关,也可以使用输出引脚来控制一些需要更多供电的设备,如电机。输出引脚也可以提供模拟量输出,这代表可以控制输出引脚的输出能量大小,从而能够控制电机的转速或灯的亮度,而不是简单地控制其开关。

Arduino Uno 开发板上的微控制器是指安装在开发板底座中央的 28 引脚的芯片。这个单独的芯片包含内存、处理器和输入/输出引脚的所有电子元器件。它由专业微控制器生产厂商 Microchip 公司生产。每一家微控制器生产厂商都会生产几十种不同系列、不同型号的微控制器。微控制器并非都是为我们这样的电子爱好者而设计的。电子发烧友只是这个巨大市场中的一小部分。这些设备还将被嵌入消费级产品中,包括汽车、洗衣机、电视、儿童玩具甚至空气净化器。

Arduino 系统为各种微控制器提供了标准化的编程方式,不局限于官方出品的 Arduino 板。这意味着无论你想使用什么样的微控制器,都可以(除了少数例外)将其编程为 Arduino,而不必学习某些制造商的专有软件工具。

开发板

目前已经确定微控制器只是一个芯片。如果没有支持电路提供规范而准确的供电(微控制器对供电敏感),以及一种用来对微控制器编程并使之与计算机通信的手段,一片微控制器是不会独立工作的。

这就是开发板的由来。一块 Arduino Uno 开发板本质上是一个独立且开源设计的微控制器扩展板。这代表着所有印制电路板(Printed Circuit Board,PCB)的设计文档和原理图都是公开的,任何人都可以免费使用这些设计,制作和销售自己的 Arduino 开发板。

所有微控制器生产厂商,包括把 ATmega328 微控制器应用于 Arduino 开发板的 Microchip,都同样提供自己的开发板和编程软件。尽管这些开发板相当廉价,但是它们更倾向于面向专业的电子工程师而不是爱好者。这意味着这些开发板和软件难以使用,并且你需要投入大量的学习时间和成本才能够从中获益。

1.2 Arduino Uno 开发板的探索之旅

图 1-1 展示了一块 Arduino Uno 开发板。现在快速浏览一下开发板上的各个组件。

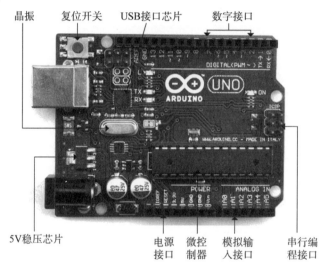

图 1-1 一块 Arduino Uno 开发板

1.2.1 电源接口

参考图 1-1,USB 接口的正下方是 5V 稳压芯片。这个元件可以将直流电源接口接入的 7~12V 直流电源稳压至 5V。

与其他芯片相比,5V 稳压芯片的体积可以称得上"巨大"。这是为了确保芯片在通过电流较大的情况下,有足够的面积发散在调节电压时产生的热量。当需要用 Arduino 驱动外部电路时,你会发现这个设计相当有用。

当 Arduino 从电池或直流电源插座运行时,虽然通过直流电源插座为 Arduino 供电很有用,但 Arduino Uno 也可通过 USB 接口供电,而该接口也用于烧录 Arduino 程序。

1.2.2　供电接口

接下来一起研究图 1-1 所示开发板底部的接口。可以看一下这些接口旁边的名称，是否注意到最左边的 RESET 接口？也许你会联想到复位按钮，是的，这个接口可以实现和 Arduino 开发板上复位按钮相同的功能。和重启计算机略有不同，使用 RESET 接口重启微控制器，可以让它从头开始执行程序。只需要让 RESET 接口处于低电平一小段时间(接到 0V)，就可以让微控制器完成复位操作。

这块区域剩下的引脚只提供它们所标记的电平值(3.3V、5V、GND 和 Vin)。GND 接口，也叫接地端，提供 0V 电压。这个数值是相对的，因为在开发板上它是其他所有电压的参考电压。

1.2.3　模拟输入接口

以 A0 到 A5 标记的 6 个模拟输入引脚可用来测量输入它们的电压值，这样就可以在 sketch(Arduino 项目名称)中使用这些数据。

必须注意，这些引脚测量的是电压值而非电流值。由于模拟输入引脚的内阻非常大，只有很小的电流会经过它们，然后从接地端流出。也就是说，模拟输入引脚的内阻较大，只允许很小的电流通过。

虽然这些输入引脚被标记为模拟接口并且默认为模拟输入，但是依然可以把它们用作数字输入/输出接口。

1.2.4　数字接口

现在，开始介绍开发板顶部的接口，从图 1-1 所示的右侧开始。在这块区域内，可以看到一排被标记为数字 0~13 的接口。这 14 个接口都支持输入/输出两种模式。当被用作输出接口时，除了电源接口会始终保持 5V 电压输出，而数字接口可用 sketch 控制其打开或关闭状态以外，它们的工作方式与之前介绍的供电接口相似。所以，如果在 sketch 中打开了数字接口，它们就会输出 5V

电压；如果关闭它们，电压就会变为 0V。和电源接口一样，必须注意输出电流大小以确保不会超过最大驱动电流。最右边的两个接口(0 和 1)又被标记为 RX 和 TX，可用来收发数据。这两个接口被保留用于通信，并且间接地作为 USB 连接计算机的接收和传输接口。

数字接口可以在 5V 电压下提供最大 40mA 的驱动电流。这样的电流大小足够点亮一个标准的 LED 灯，但并不足以直接驱动直流电机。

1.2.5　微控制器

下面继续你的 Arduino Uno 开发板探索之旅。开发板上含有 28 个引脚的黑色矩形元件就是微控制器芯片。得益于双列直插式封装设计，它可以很方便地被更换。Arduino Uno 板上使用的 28 引脚微控制器芯片是 ATmega328。

中央处理器(Central Processing Unit，CPU)是整台设备的心脏，也许将它比作人的大脑更恰当一些。它控制着设备内部进行的一切活动。中央处理器取出存储在闪存中的程序指令，然后执行。这可能涉及从 RAM 中读取数据，对其进行修改，然后放回。当然，这也可能意味着将其中一个数字引脚的输出从 0V 改为 5V。

EEPROM 和闪存有一些相似之处，两者都具有非易失性。通俗来讲，可以安心地重启设备而其中的内容不会丢失。但闪存通常被用来存储程序指令(从项目文件中获得)，而 EEPROM 用来存储那些在复位或断电情况下不想丢失的数据。

1.2.6　其他元件

在微控制器的上方有一个小巧的银色矩形元件。这是石英晶体振荡器(晶振)。它一秒钟振动 1600 万次，在每个机器周期内，微控制器可以执行一次操作——加、减或其他数学运算。[1]

开发板的左上方是复位开关。按下复位开关将会向微控制器的复位引脚发

---

[1] 译者注：微控制器执行一条指令需要一个机器周期，一般来讲，一个机器周期由 12 个振荡周期(时钟周期)组成，即执行一次操作需要 12 个振荡周期。同时，受限于硬件功能，不同的数学运算需要的指令周期也不尽相同，这里不再赘述。

送一个逻辑脉冲,使微控制器从头开始执行程序并清空内存。请注意所有存储在设备上的程序依然会被保留,因为它们都被存储在非易失性闪存中——这就是说,存储介质依然保存着这些数据,即便设备掉电。

开发板的右侧是串行编程接口。它提供了一种不使用 USB 接口的 Arduino程序烧录方法。因为 USB 接口和软件更易于使用,所以本书不会用到这个特性。

USB 接口芯片位于开发板左上角靠近 USB 接口的位置。这个芯片将 USB通信协议使用的信号电平转换为可供 Arduino 板直接使用的信号电平。

1.3   支持 WiFi 的 Arduino 兼容板

与 Arduino Uno 相反,图 1-2 所示的电路板是一种低成本的 Arduino 兼容电路板。这个电路板有内置 WiFi,这就是第 10 章 "Arduino 物联网程序设计" 中选择使用它的原因。在第 6 章中,我们将再次看到这种类型的电路板,以及一些其他类型的 Arduino 兼容板。

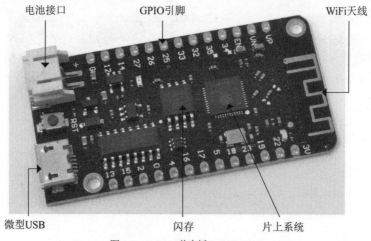

图 1-2   Arduino 兼容板(Lolin32 Lite)

这个板的大部分构造与 Arduino Uno 相同。它有一个 USB 接口,但在本例中它只是一个微型 USB 接口,而不是 Arduino Uno 的全尺寸接口。它的两个长边上也有 GPIO 引脚，你通常需要将自己的插头焊接到这些引脚上。你可以像 Uno 一样焊接排母引脚，或者更常见的是焊接排针引脚(通常随电路板提供)。该板还有一个用于可充电锂电池的电池接口，以取代 Uno 的直流桶插孔。该板的微控制器被标记为 SoC(片上系统)，以表明其具有内置 WiFi 硬件这一事实，而不仅仅是 Uno 使用的简单微控制器。

1.4　Arduino 的起源

最初，Arduino 是作为学生教学的辅助工具而开发的。随后在 2005 年，Massimo Banzi 和 David Cuartielles 对其进行了商业化开发。从那时起，Arduino 凭借简单易用和经久不衰的特点在创客、学生和艺术家群体中取得了巨大的成功。

Arduino 取得成功的另一个关键因素，就是在 Creative Commons(CC)授权下，任何基于 Arduino 的硬件设计都可以免费获得。这使得许多成本较低的电路板替代品得以出现。唯一被保留的只有 Arduino 这个名称，因此许多复制品会在自己的产品名称中加入 duino 以示尊重或表明自己是 Arduino 的衍生产物，如 Boarduino、Seeeduino 和 Freeduino。许多大的零售商只销售官方出品的开发板，因为它们通常包装更精美，质量更好。

对于 Arduino 而言，所有微控制器都是通用的，这也是其成功要素之一。市面上有大量兼容 Arduino 的扩展板，它们可以直接插在 Arduino 开发板上使用。由于这些扩展板几乎涵盖所有的应用方向，因此常可通过堆叠扩展板的方式来代替电烙铁。下面是一部分最常见的扩展板。

- LCD TFT 显示器。
- Motor：电机扩展板，它可以驱动电动马达。
- USB Host：USB 主机扩展板，用于控制 USB 设备。
- Relays：继电器扩展板，它是一台 Arduino 外接的开关继电器。

图 1-3 展示了电机扩展板(左)和继电器扩展板(右)。

图 1-3   电机扩展板和继电器扩展板

1.5   上电

当你购买一块 Arduino 开发板时，通常会预烧录一个让内置 LED 闪烁的 Blink 示例程序。

标记了 L 的发光二极管(LED)与开发板上的一个数字输入/输出接口相连，它也和数字引脚 13 连接在一起。这并不意味着引脚 13 只能用来点亮 LED，它也可用作普通的数字输入或输出引脚。

只需要给 Arduino Uno 供电就可以让它启动并运行，最简单的方法是把它插在计算机的 USB 接口上。为此，需要一根 Type-A 转 Type-B 的 USB 连接线，这和通常用来连接计算机和打印机的是同一种类型的连接线。

如果一切顺利，LED 将会闪烁。新的 Arduino 开发板都会预烧录这个 Blink 示例程序，这样就可以验证这块开发板能否正常工作。

1.6   安装软件

想要烧录新的项目到 Arduino 开发板上，要做的不仅仅是用 USB 线给开发板供电，还需要安装 Arduino 应用程序(见图 1-4)。

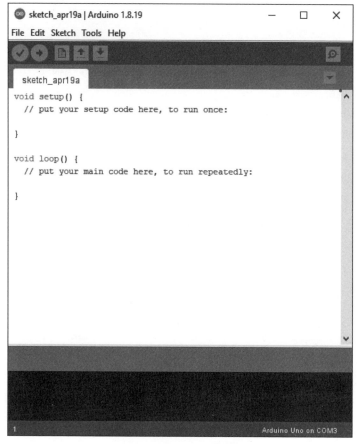

图1-4　Arduino IDE 应用程序

可以在 Arduino 官网上找到分别在操作系统 Windows、Linux 和 macOS 中安装这款软件的详尽而全面的指导。

注意，除了在计算机上运行的可下载 IDE，还有一个 Web 版本的 IDE。我建议你从可下载的 IDE 开始学习。

成功安装与所用平台对应的 Arduino 应用程序、USB 驱动后，现在就应该可以将程序上传到 Arduino 开发板了。

1.7   上传你的第一个 sketch 程序

Arduino 上闪烁的 LED 灯等同于在学习其他新的编程语言时，习惯性运行的第一个程序 "Hello World"。可通过烧录这个程序到你的 Arduino 开发板上来测试并调整开发环境。

打开计算机上的 Arduino 应用程序后，会出现一个空的 sketch 程序。该程序软件中带有种类繁多的例程，可从 File 菜单中打开图 1-5 展示的 Blink sketch 程序。

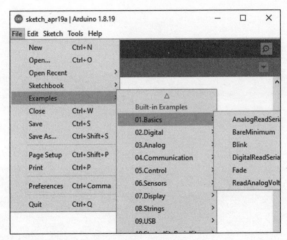

图 1-5   Blink sketch 程序

现在需要把这个 sketch 程序编译或上传到你的 Arduino 开发板上，所以用 USB 连接线将 Arduino 开发板插入你的计算机。应该可看到 Arduino 板子上绿色的 "On" LED 灯已亮起。Arduino 开发板可能已在闪烁了，因为开发板一般在发货时都会预烧录 Blink sketch 程序。但我们会再次烧录并对其稍作修改。

在上传 sketch 程序之前，必须告诉 Arduino 应用程序你所用的开发板的种类和连接的是哪个串行端口。图 1-6 和图 1-7 演示了如何从 Tools 菜单执行这些操作。

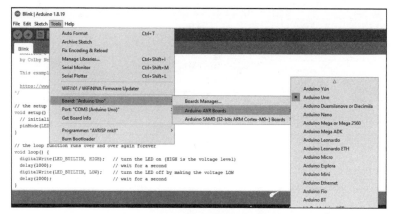

图1-6　选择开发板种类

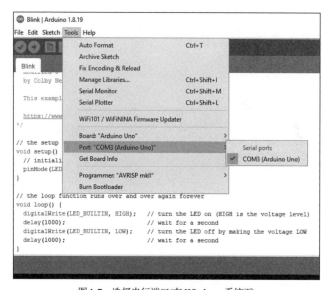

图1-7　选择串行端口(在 Windows 系统下)

在运行 Windows 系统的计算机上，串行端口是一系列后跟数字编号的
COM。在运行 macOS 和 Linux 系统的计算机上，你会看到一个长得多的串行
设备列表(见图1-8)。开发板通常是列表中最下面的选项，名称类似于
/dev/cu.usbmodem621。

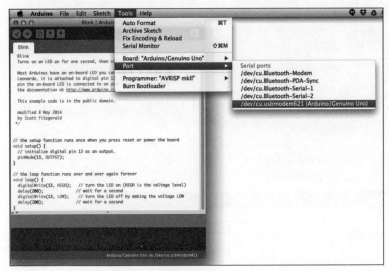

图 1-8   选择串行端口(在 macOS 系统下)

现在单击工具栏中的 Upload 图标，如图 1-9 所示。

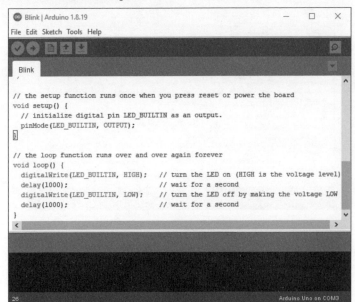

图 1-9   上传 sketch 程序

　　单击 Upload 图标后，sketch 程序在编译时会停顿一小会儿，然后开始传输。如果 sketch 程序正在上传，那么随着程序的传输，会有一些 LED 闪烁。完成传输后，在 Arduino 应用程序窗口的底部可以看到提示"完成上传"和类似于"sketch 程序使用 1030 字节(3%)的程序存储空间"这样的信息。

　　完成上传后，开发板会自动开始运行 sketch 程序，你会看到黄色的内置"L"的 LED 开始闪烁。

　　如果 sketch 程序未上传成功，那么请检查串行接口和开发板的类型设置。

　　现在，修改 sketch 程序，使 LED 闪烁得更快。为此，可以将 sketch 程序中的两个 1000 毫秒延时改为延时 500 毫秒。图 1-10 显示了修改后的 sketch 程序，其中更改的部分已用圆圈圈出。

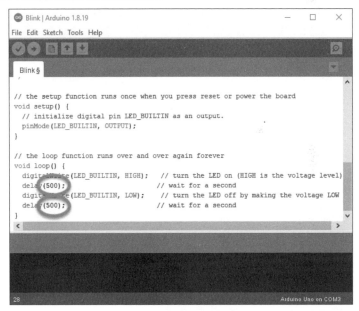

图 1-10　修改 Blink sketch 程序

　　再次单击 Upload 图标。sketch 程序上传完毕后，应该看到 LED 开始以之前 2 倍的速度闪烁。

　　恭喜，现在你已经准备好开始 Arduino 编程了。首先，进行 Arduino 应用程序的一次小探索。

1.8   Arduino 应用程序

　　Arduino 中的 sketch 程序就像文字处理器中的文档一样。可以打开它们并将其中一部分从一个程序复制到另一个程序中。因此，可以在 File 菜单中看到 Open、Save 和 Save as 选项。通常情况下不会使用 Open 选项，因为 Arduino 应用程序具有 Sketchbook 文件夹的概念，所有的 sketch 程序都被精心地组织到文件夹中。可以从 File 菜单访问 Sketchbook 文件夹。

　　由于是首次安装 Arduino 应用程序，因此在创建一些 sketch 程序之前，Sketchbook 文件夹是空的。

　　正如你所见，Arduino 应用程序带有一些非常有用的 sketch 示例程序。修改了 Blink sketch 示例程序后，如果尝试保存，就会显示一条信息，提示 "某些文件被标记为只读，因此需要将该 sketch 程序保存到不同的位置"。

　　现在试试这样做。接受默认位置，但将文件名改为 MyBlink，如图 1-11 所示。

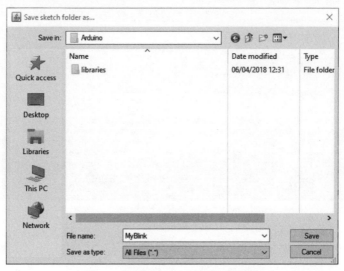

图 1-11   保存 Blink sketch 示例程序的副本

现在，如果转到 File 菜单，然后单击 Sketches，就会看到 MyBlink 为列出的 sketch 程序之一。如果查看计算机的文件系统，就会发现，在 PC 上，sketch 程序已被写入 My Documents\Arduino；而在 macOS 或 Linux 上，则位于 Documents / Arduino。

本书使用的所有 sketch 程序都可通过本书封底的二维码下载(文件名为 Programming_Arduino.zip)。建议现在就下载这个文件，并将其解压缩到包含 sketch 程序文件的 Arduino 文件夹中。图 1-12 显示了将该文件解压缩到 Windows 中的 Arduino 目录。换句话说，当解压缩完文件夹时，Arduino 文件夹中应该有两个子文件夹：一个是新保存的 MyBlink，一个是 prog_arduino_3-main。Programming Arduino 文件夹将包含所有 sketch 程序文件，并按照章节编号，例如，sketch 02_01_blink 是第 2 章的第一个 sketch 程序。

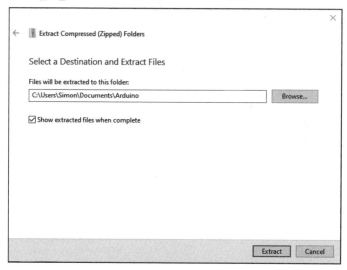

图 1-12 安装本书中给出的 sketch 程序文件

在退出 Arduino 应用程序并重新启动它之前，这些 sketch 程序不会出现在 Sketchbook 菜单中。现在就这样做，Sketchbook 菜单应该看起来如图 1-13 所示。

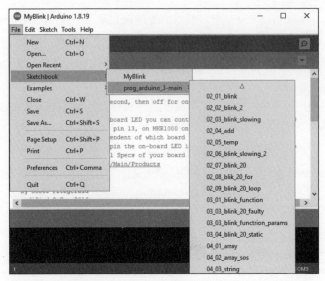

图 1-13   安装好本书中的 sketch 程序文件后的 Sketchbook 菜单

1.9   本章小结

你所需的软件环境已经全部搭建完成并准备好开始编程了。

在下一章，你将了解 Arduino 所使用的 C 语言的一些基本原则，并开始编写一些代码。

第**2**章
C 语言基础

用来进行 Arduino 编程的语言是 C 语言。在本章，你将了解 C 语言的基础知识。作为一名 Arduino 程序员，在开发任何一个 sketch 程序时都会用到本章所介绍的内容。要充分利用 Arduino，就需要了解这些基础知识。

2.1 编程

有人会说一种以上的语言并不罕见。事实上，学过的人类语言越多，学习语言越容易，因为你会开始寻找常用的语法和词汇模式。学习编程语言也是如此。所以，如果你已学会了使用其他的编程语言，将很快掌握 C 语言。

好消息是编程语言的词汇量远少于人类语言，而且由于是在编写而不是说出来，因此无论何时需要查找一些内容，字典总是触手可及。此外，编程语言的语法和句法是非常规律的，一旦掌握一些简单的概念，就会学得更快。

最好将程序(程序在 Arduino 中被称为 sketch)看作一个指令列表，并按照它们被写下来的先后顺序执行。例如，假设要写下面的内容：

```
digitalWrite(13, HIGH);
delay(500);
digitalWrite(13, LOW);
```

这三行代码都会执行一些操作。第一行代码将引脚 13 的输出设置为高电平，这是 Arduino Uno 开发板内置 LED 的引脚，所以此时 LED 将点亮。第二行代码将等待 500 毫秒(0.5 秒)，然后第三行代码将 LED 关闭。所以这三行代码就可以实现使 LED 一次闪烁 0.5 秒。

你已经看到了一些令你眼花缭乱的标点符号，这些标点符号用法奇怪并且之间没有空格。很多新程序员感到沮丧的是，"我知道我想做什么，我只是不知道我需要写什么!" 不必担心，下面解释所有这些难懂的东西。

首先，需要搞懂标点符号和单词组成的方式。这些都是所谓编程语言的语法的一部分。大多数编程语言都要求对语法非常精确，其中一个主要规则是事物的名称必须是一个单词。也就是说，不能包含空格。所以，**digitalWrite** 是某些事物的名称，这是一个内置函数的名称(稍后将学习更多关于函数的知识)，它将完成在 Arduino 开发板上设置输出引脚的工作。不仅要避免在命名中使用空格，还要注意字母也是区分大小写的。所以，必须写成 **digitalWrite**，而不能写成 **DigitalWrite** 或 **Digitalwrite**。

digitalWrite 函数需要知道要设置哪个引脚，以及将引脚设置为高电平还是低电平。这两条信息被称为参数，当函数被调用时它们被传递给函数。函数的参数必须用括号括起来，并用逗号分隔。

通常的约定是在函数名的最后一个字母的后面加上左括号，并在下一个参数之前加逗号。但是，如果需要，可以在圆括号内插入空格字符。

如果函数只有一个参数，就不需要逗号。

注意每行以分号结尾。如果它们是句号，那将更合乎逻辑，因为分号标识一条指令的结束，有点像一个句子的结尾。

在下一节，你将更多地了解当单击 Arduino 集成开发环境(Integrated Development Environment，IDE)中的 Upload 按钮时会发生什么，然后你将开始尝试几个示例。

2.2　什么是编程语言

本书直到现在还没有介绍编程语言是什么，这也许有点令你惊讶。你可以识别一个 Arduino sketch 程序，可能对它的功能也有粗略的概念，但是需要更深入地了解一些代码如何将页面上的文本变成真实的功能,例如让 LED 点亮和关闭。

　　图 2-1 总结了从将代码输入 Arduino IDE 中到在开发板上运行 sketch 程序所涉及的过程。

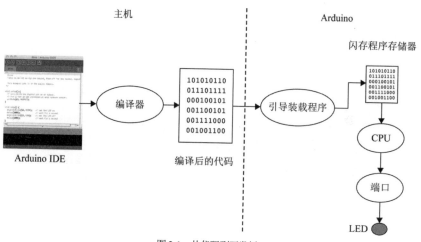

图 2-1　从代码到开发板

　　当单击 Arduino IDE 中的 Upload 按钮时,会启动一系列事件,导致 sketch 程序被烧录到 Arduino 开发板上并运行。这并不是简单地将输入到编辑器中的文本移到 Arduino 开发板上。

　　第一步要做的事情称为编译。这一步会将编写的代码转换为机器码,也就是 Arduino 能够理解的二进制语言。如果单击 Arduino IDE 中的 Verify 按钮(最左侧的复选标记图标),实际上会尝试编译已编写的 C 语言程序,并且不会尝试将代码发送到 Arduino IDE。编译代码的另一作用是检查代码是否符合 C 语言的规范。

　　如果在 Arduino IDE 中输入 "Ciao Bella!" 并单击 Verify 按钮,结果将如图 2-2 所示。

图 2-2　Arduino 不说意大利语

Arduino 试图编译"Ciao Bella"这个词，尽管它是意大利语，但是 Arduino 并不知道你在说什么。这个文本不是 C 语言，因此运行结果是在屏幕的底部得到一条神秘信息"Ciao 没有命名类型"，　实际上这意味着输入的内容有很多错误。

接着来试试另一个例子。这次将尝试编写一个没有代码的 sketch 程序(见图 2-3)。

这一次，编译器提示你，sketch 程序中没有 **setup** 或 **loop** 函数。正如你在第 1 章中运行 Blink 示例项目时所知道的那样，在将自己的代码添加到 sketch 程序之前，必须有一些"样板"代码。在 Arduino 编程中，"样板"代码采用 **setup** 和 **loop** 函数的形式，必须始终存在于 sketch 程序中。

你在本书后面将学到更多关于函数的知识，但是现在必须承认你需要这些样板代码，并且需要调整 sketch 程序以完成编译(见图 2-4)。

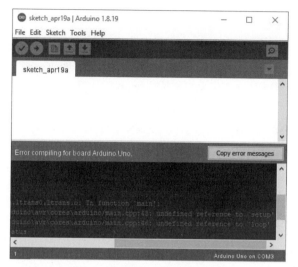

图 2-3　提示没有 **setup** 或 **loop** 函数

图 2-4　一个可编译的 sketch 程序

Arduino IDE 已经看到了你在编写代码方面付出的努力，并发现这些代码是可以接受的。IDE 通过"完成编译"提示你这一点，并向你报告 sketch 程序的大小为 444 字节。IDE 还会提示，最大尺寸是 32 256 字节，所以仍然有很大的空间来扩充 sketch 程序。

下面来看看这些样板代码,它们将构成每个 sketch 程序的起点。这里有一些新的变化。例如,存在单词 **void** 和一些花括号。下面首先讲解 **void**。

void setup()表示正在定义一个名为 **setup** 的函数。在 Arduino 中, 已经定义了一些函数, 如 **digitalWrite** 和 **delay**, 而其他函数必须由你自己定义。**setup** 和 **loop** 是两个必须在编写的每个 sketch 程序中自行定义的函数。

需要了解的重点是:在这里,并不是像调用 **digitalWrite** 那样调用 **setup** 或 **loop**, 而是在创建这些函数, 以便 Arduino 系统本身可以调用它们。这是一个难以理解的概念, 它与法律文件中的定义相似。

大多数法律文件都有一个“定义”部分, 该部分可能如下所示:

```
Definitions.
The Author: The person or persons responsible for creating the book
```

通过以这种方式定义术语(例如, 简单地使用“作者”一词作为“负责撰写书的人”的缩写), 律师可以使他们的文档更短、更易读。函数定义和这种做法十分相似。可以定义一个函数, 以便你或系统本身可以在 sketch 程序中的其他地方使用它。

下面继续讲解 **void**, 这两个函数(**setup** 和 **loop**)不会像某些函数那样返回一些值, 所以必须使用 **void** 关键字来声明它们是无返回值的。如果想象一个名为 **sin** 的函数执行三角运算, 那么此函数将返回一个值, 返回的值将是作为参数传递的角度的正弦值。

就像合法的定义使用单词来定义一段术语一样, 在 C 程序中编写的函数可以在 C 程序中调用它。

特殊关键字 **void** 之后是函数的名称, 名称之后的括号用来包含参数。在 **void** 函数中, 没有参数, 但是仍然必须在后面加上括号。右括号后面没有分号, 因为这里是在定义一个函数而不是调用它, 所以需要说明调用函数时会发生什么。

那些调用函数时进行的操作必须放在花括号之间。花括号和它们之间的代码被称为代码块, 这是一个稍后会再次遇到的概念。

请注意, 虽然必须定义函数 **setup** 和 **loop**, 但实际上并不一定要在其中插入代码。但如果不在其中添加代码, sketch 程序就会略显单调。

2.3 Blink——再来一次

Arduino 中的两个函数——**setup** 和 **loop** 的目的是在 Arduino 开始运行 sketch 程序时将仅需运行一次的代码和需要不断重复运行的代码分开。

sketch 程序启动时，**setup** 将只运行一次。添加一些代码，它们会使开发板上的 LED 闪烁。将以下代码添加到 sketch 程序中，然后将其上传到你的 Arduino Uno 开发板上：

```
void setup() {
  pinMode(13, OUTPUT);
  digitalWrite(13, HIGH);
}

void loop() {
}
```

你可能已注意到，在最初的 Blink sketch 程序中，LED_BUILTIN 优先使用引脚 13。LED_BUILTIN 提供了一种使代码独立于电路板的方法。尽管 Arduino Uno 上的内置 LED 始终位于引脚 13 上，但并非所有 Arduino 和 Arduino 兼容板都如此。

setup 函数调用两个内置函数 **pinMode** 和 **digitalWrite**。你已领会了 **digitalWrite** 函数，但 **pinMode** 函数是新出现的。**pinMode** 函数将指定的引脚设置为输入或输出。所以，打开 LED 实际上是一个两阶段的过程。首先，必须将引脚 13 设置为输出；其次，需要将输出设置为高电平(5V)。

当运行这个 sketch 程序时，在开发板上会看到带 "L" 的 LED 亮起并保持点亮状态。这已不足以让人兴奋了，所以最起码尝试在 **loop** 函数中，通过将 LED 不断打开和关闭的方法，令其闪烁而不是在 **setup** 函数中把它点亮。

可以将 **pinMode** 调用继续保留在 **setup** 函数中，因为它只需要调用一次。如果把它移到 **loop** 函数中，项目仍然可以运行，但这样做并不必要，而且让需要运行一次的代码只运行一次是一种好的编程习惯。所以修改 sketch 程序，使其看起来如下所示：

```
void setup() {
```

```
  pinMode(13, OUTPUT);
}

void loop() {
 digitalWrite(13, HIGH);
 delay(500);
 digitalWrite(13, LOW);
 }
```

运行这个 sketch 程序，看看会发生什么。这可能不是你所期待的。LED
基本上一直都是亮的。这是为什么呢？

尝试在脑海中一次一步地运行该程序：

(1) 运行 **setup** 并将引脚 13 设置为输出。

(2) 运行 **loop** 并将引脚 13 置高(LED 亮)。

(3) 延时 0.5 秒。

(4) 将引脚 13 置低(LED 熄灭)。

(5) 再次运行 **loop**，返回到步骤(2)，将引脚 13 置高(LED 亮)。

问题出在步骤(4)和步骤(5)之间。现在发生的情况是，LED 正在关闭，但接
下来它又被点亮了。这种变化太快了，以至于 LED 看起来总是亮的。

Arduino Uno 开发板上的微控制器芯片每秒可执行 1600 万条指令。虽然这
不是 1600 万条 C 语言指令，但仍然非常快。所以，LED 只会熄灭百万分之
几秒。

要解决这个问题，需要在关闭 LED 之后再添加另一个延时。

代码现在应该是这样的：

```
// 02_01_blink
void setup() {
  pinMode(13, OUTPUT);
}

void loop() {
 digitalWrite(13, HIGH);
 delay(500);
 digitalWrite(13, LOW);
 delay(500);
 }
```

再试一次，LED 应该每秒闪烁一次。

你可能已经注意到代码清单顶部的注释 "sketch 02_01_blink"。为了节省一些打字时间，我们已经向本书的支持网站上传了所有 sketch 程序，并在顶部添加了这样的注释。

2.4 变量

在这个 Blink 示例项目中，使用了引脚 13，并且需要在三个地方引用它。如果决定使用不同的引脚，那么将不得不修改三处代码。同样，如果想改变闪烁的速度，通过延时的方式来控制，只需要把两个 500 换成其他数字。

变量可以被认为是对数字的命名。实际上，它们可以比这更有用，但现在，只需要学会用它来对数字命名。

在 C 语言中定义变量时，必须指定变量的类型。这里希望变量是整型，在 C 语言中称为 **int**。因此，要定义一个名为 **ledPin** 的值为 13 的变量，需要编写以下代码：

```
int ledPin = 13;
```

请注意，因为 **ledPin** 是名称，所以需要遵守和函数名称一样的规则，即不能有任何空格。约定变量的名称以小写字母开头，并用大写字母开始每个新的单词，程序员经常会把这种方式称作 "bumpy case" 或 "camel case"。

按照以下方式将上面那行代码嵌入 Blink sketch 程序中：

```
// 02_02_blink_2
int ledPin = 13;
int delayPeriod = 500;
void setup() {
  pinMode(ledPin, OUTPUT);
}

void loop() {
  digitalWrite(ledPin, HIGH);
  delay(delayPeriod);
  digitalWrite(ledPin, LOW);
```

```
    delay(delayPeriod);
}
```

这里还添加了另一个名为 **delayPeriod** 的变量。

之前在 sketch 程序中用到 13 的地方，现在用的是 **ledPin**；之前用到 500 的地方，现在可以用 **delayPeriod**。

如果要使闪烁更快，只需要在一个位置更改 **delayPeriod** 的值。尝试将其更改为 100，然后在 Arduino 开发板上运行 sketch 程序。

变量还有一些巧妙用法。修改 sketch 程序，让闪烁一开始非常快，逐渐变得越来越慢，就像 Arduino 感到疲惫了一样。为此，所需要做的就是在每次闪烁时，在 **delayPeriod** 变量中添加一些代码。

修改 sketch 程序，通过在 **loop** 函数的末尾添加一行代码就可以实现上述功能，如下面的代码清单所示，然后在 Arduino 开发板上运行。按下 Reset 按钮，可以看到 LED 以很快的速度再次开始闪烁。

```
// 02_02_blink_slowing
int ledPin = 13;
int delayPeriod = 100;

void setup() {
  pinMode(ledPin, OUTPUT);
}

void loop() {
  digitalWrite(ledPin, HIGH);
  delay(delayPeriod);
  digitalWrite(ledPin, LOW);
  delay(delayPeriod);
  delayPeriod = delayPeriod + 100;
}
```

Arduino 现在正在进行算术运算。每次调用 **loop** 时，LED 都会正常闪烁，但是变量 **delayPeriod** 会增加 100。我们很快就会再次提到算术运算，但是首先需要一种比让 LED 闪烁更好的方法来看看 Arduino 在做什么。

2.5 C 语言实验

需要一种方法来测试 C 语言实验。一种方法是把想要测试的 C 语言代码放到 **setup** 函数中，在 Arduino 上评估它们，然后让 Arduino 向串口监视器显示一些输出，如图 2-5 和图 2-6 所示。

图 2-5 将输出写入串口监视器

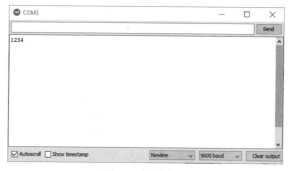

图 2-6 串口监视器

串口监视器是 Arduino IDE 的一部分，可以通过单击工具栏中最右侧的图标(它看起来像一个放大镜)来访问它，其目的是在计算机和 Arduino 之间提供一条通信渠道。可以在串口监视器顶部的文本输入区域输入信息，当按 Return 键或单击 Send 按钮时，会将这些输入信息发送到 Arduino。另外，如果 Arduino 有什么话要说，这些信息就会出现在串口监视器中。在这两种情况下，信息都通过 USB 连接发送。

正如你所期望的，可以在 sketch 程序中使用内置函数将信息发送回串口监视器。该内置函数被称为 **Serial.println**，它需要一个单独的参数，其中包含要发送的信息，该信息通常是一个变量。

我们将使用这种机制来测试可以用 C 语言中的变量和算术运算进行的一些操作，坦率而言，这是在 C 代码中看到实验结果的唯一方法。

2.6　数值变量和算术运算符

接下来要做的事就是将下面这行代码添加到 Blink sketch 程序中，这样就可以稳定地增加闪烁周期：

```
delayPeriod = delayPeriod + 100;
```

仔细查看这行代码，它由一个变量名、一个等号和一个被称为表达式 **(delayPeriod + 100)** 的部分组成。等号要做的是赋值操作。也就是说，它将一个新值赋给一个变量，赋值是由等号之后和分号之前的值决定的。在这行代码中，要赋给 **delayPeriod** 变量的新值是 **delayPeriod** 的旧值加上 100。

测试一下这种新的机制，通过输入下面的代码，运行并打开串口监视器，看看 Arduino 能实现什么？

```
// 02_04_add
void setup() {
  Serial.begin(9600);
  int a = 2;
  int b = 2;
  int c = a + b;
  Serial.println(c);
}
void loop() {}
```

图 2-7 显示了代码运行后在串口监视器中应该看到的内容。

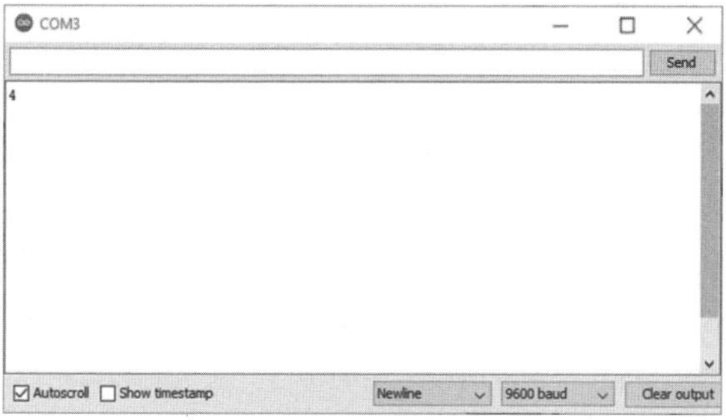

图 2-7　简单的算术运算

举一个稍微复杂点的例子，将摄氏温度换算成华氏温度的公式是：将摄氏温度乘以 9，除以 5，然后加上 32。所以，可以在 sketch 程序中这样编写代码：

```
// 02_05_temp
void setup() {
  Serial.begin(9600);
  int degC = 20;
  int degF;
  degF = degC * 9 / 5 + 32;
  Serial.println(degF);
}
void loop() {}
```

此处有几点需要注意。首先，要注意以下代码：

```
int degC = 20;
```

当编写这行代码时，实际上做了两件事：声明一个名为 **degC** 的 **int** 型变量，初始值是 **20**。或者，可以把这两件事分开，像下面这样编写代码：

```
int degC;
degC = 20;
```

任何变量都只需要声明一次，本质上这是在告诉编译器它是什么类型的变量。在本例中，是 **int**。但是，可以根据需要多次为变量赋值：

```
int degC;
degC = 20;
```

```
degC = 30;
```

因此，在摄氏温度示例中，定义变量 **degC** 并将其初始值设为 20。但是当定义 **degF** 时，它不会获得初始值；它的值由下一行的转换公式赋予，然后发送到串口监视器供你查看。

下面看看这个表达式，可以看到使用星号(*)进行乘法运算，并使用斜杠(/)进行除法运算。算术运算符+、 - 、*和/有优先顺序，即先进行乘法运算，然后进行除法运算，最后进行加减运算。这是由算术运算优先级的惯例决定的。但是，有时会在表达式中使用圆括号来明确运算的优先级。所以，举个例子，可以写入如下内容：

```
degF = ((degC * 9) / 5) + 32;
```

根据需要，编写的表达式可以很长且复杂，除了常用的算术运算符，还有其他不常用的运算符和包含各种可用数学函数的标准库。你将在本书后面了解这些。

2.7　控制语句

C 语言有一些内置的控制语句。本节将探索其中的一些内容，看看如何在 sketch 程序中使用它们。

2.7.1　if 语句

在到目前为止介绍的 sketch 程序中，都假定编写的程序将按顺序依次执行，无一例外。但是如果不想这样做呢？如果只想在某些条件成立的情况下，就执行部分 sketch 程序呢？

回到闪烁逐渐减慢的 LED 示例。此刻，LED 会逐渐变慢，直到每次闪烁持续数小时。

看看该怎样修改该项目，使 LED 在闪烁速度放慢到某个值时，就回到刚开始较快的速度。

为此，需要使用 **if** 语句。修改后的 sketch 程序如下，试试看：

```
// 02_06_blink_slowing_2
int ledPin = 13;
int delayPeriod = 100;
void setup() {
  pinMode(ledPin, OUTPUT);
}

void loop() {
  digitalWrite(ledPin, HIGH);
  delay(delayPeriod);
  digitalWrite(ledPin, LOW);
  delay(delayPeriod);
  delayPeriod = delayPeriod + 100;
  if (delayPeriod > 3000) {
    delayPeriod = 100;
  }
}
```

if 语句看起来有点像函数定义，但是这种相似只是表面上的。括号中的单词不是参数，而是所谓的条件。所以在本例中，条件是变量 **delayPeriod** 的值大于 3000。如果该条件成立，那么花括号内的指令将被执行。此时，代码将 **delayPeriod** 的值重置为 100。

如果条件不成立，那么 Arduino 将做下一件事。此时，"if" 之后什么也没有，所以 Arduino 会再次运行 **loop** 函数。

在头脑中运行一系列事件可以帮助你理解正在发生的事情。所以，下面是 sketch 程序执行时发生的事情：

(1) Arduino 运行 **setup** 函数并初始化 LED 引脚作为输出。

(2) Arduino 开始运行 **loop** 函数。

(3) LED 亮起。

(4) 延时。

(5) LED 熄灭。

(6) 延时。

(7) 将 **delayPeriod** 加上 100。

(8) 如果延时大于 3000，就将 **delayPeriod** 重置为 100。

(9) 回到步骤(3)。

这里使用的符号>表示大于，它是一个比较运算符。表 2-1 对比较运算符进行了总结。

表 2-1　比较运算符

运算符号	含　义	举　例	结　果
<	小于	9 < 10	true
		10 < 10	false
>	大于	10 > 10	false
		10 > 9	true
<=	小于或等于	9 <= 10	true
		10 <= 10	true
>=	大于或等于	10 >= 10	true
		10 >= 9	true
==	等于	9 == 9	true
!=	不等于	9 != 9	false

要比较两个数字的大小，可以使用==。这个双等号很容易与用来给变量赋值的等号(=)混淆。

还有另一种调用形式，允许在条件为真时执行一种操作，并在条件为假时执行另一种操作。本书后面的一些例子中将使用这种形式。

2.7.2　for 语句

除了在不同的情况下执行不同的指令，还经常需要在程序中多次运行一系列指令。你已知道其中一种方法，即使用 **loop** 函数。一旦 **loop** 函数中的所有指令都运行完毕，就将自动从头开始。但是，有时候需要更多的可控性。

举个例子，假设想写一个闪烁 20 次的 sketch 程序，之后暂停 3 秒，然后重新开始。可以通过在 **loop** 函数中重复使用相同的代码来实现该功能，代码如下所示：

```
// 02_07_blink_20
int ledPin = 13;
int delayPeriod = 100;

void setup() {
```

```
  pinMode(ledPin, OUTPUT);
}

void loop() {
digitalWrite(ledPin, HIGH);
delay(delayPeriod);
digitalWrite(ledPin, LOW);
delay(delayPeriod);

digitalWrite(ledPin, HIGH);
delay(delayPeriod);
digitalWrite(ledPin, LOW);
delay(delayPeriod);

digitalWrite(ledPin, HIGH);
delay(delayPeriod);
digitalWrite(ledPin, LOW);
delay(delayPeriod);
// 重复上面的四行代码17 次

  delay(3000);
}
```

但是这种方法需要输入大量代码，还有更好的方法可以实现这一功能。先看看如何使用 **for** 循环，然后试试另一种使用一个计数器和一条 **if** 语句来实现此功能的方法。

使用 **for** 循环来完成这个 sketch 程序，正如你所见，代码比前面的例子更短且更容易维护：

```
// 02_08_blik_20_for
int ledPin = 13;
int delayPeriod = 100;

void setup() {
  pinMode(ledPin, OUTPUT);
}

void loop() {
  for (int i = 0; i < 20; i ++) {
  digitalWrite(ledPin, HIGH);
  delay(delayPeriod);
  digitalWrite(ledPin, LOW);
```

```
  delay(delayPeriod);
  }
 delay(3000);
}
```

for 循环看起来有点像带有三个参数的函数，但是这里的参数是用分号分隔的，而不是使用常用的逗号。这只是 C 语言的一个特性。当出错时，编译器很快就会提示你。

for 之后的圆括号中的第一部分是变量声明，这指定了一个变量作为计数器，并赋给它一个初始值——在本例中为 0。

第二部分是保持循环的条件。在本例中，只要 i 小于 20，就会保持在循环中，但只要 i 是 20 或更大的数，程序就会停止执行循环中的操作。

最后一部分是每完成一次循环中的所有操作后要做的事。在本例中，会将 i 递增 1，以便在循环 20 次之后停止循环并使程序退出循环。

尝试输入这些代码并运行。要熟悉所有的语法和讨厌的标点符号，唯一的方法就是输入，让编译器提示在什么地方做错了什么。最终，这一切都将开始变得有意义。

这种方法的一个潜在缺点是：**loop** 函数需要运行很长时间。在本例所示的 sketch 程序中这不是问题，因为它所做的只是让 LED 闪烁。但是通常情况下，sketch 程序中的 **loop** 函数也将检查按键是否被按下或者是否接收到串口通信。如果处理器忙于 **for** 循环内部的指令，它将无法实现这一点。通常，使 **loop** 函数尽可能快地运行是个好主意，这样它就可以运行得更频繁。

以下 sketch 程序显示了如何实现这一点：

```
// 02_09_blink_20_loop
int ledPin = 13;
int delayPeriod = 100;
int count = 0;
void setup() {
  pinMode(ledPin, OUTPUT);
}

void loop() {
 digitalWrite(ledPin, HIGH);
 delay(delayPeriod);
```

```
digitalWrite(ledPin, LOW);
delay(delayPeriod);
count ++;
if (count == 20) {
  count = 0;
  delay(3000);
 }
}
```

你应该注意到了下面的代码：

```
count ++;
```

这是 C 语言中下列代码的简写形式：

```
count = count + 1;
```

所以现在每次 **loop** 函数运行时，只需要 200 毫秒多一点，除非第 20 次循环会在和前 20 次闪烁延迟相同时间的基础上加上 3 秒延时。实际上，对于某些应用场合来说，这个速度太慢了，纯粹主义者会说根本不应该使用延时。实际上，最好的解决方案取决于应用程序。

2.7.3　while 语句

在 C 语言中实现循环的另一种方法是使用 **while** 指令代替 **for** 指令。**while** 指令可以完成和之前示例相同的操作，其使用方式如下所示：

```
int i = 0;
while (i < 20) {
  digitalWrite(ledPin, HIGH);
  delay(delayPeriod);
  digitalWrite(ledPin, LOW);
  delay(delayPeriod);
  i ++;
}
```

while 后面圆括号中的表达式必须为真时才能留在循环中。如果不再为真，sketch 程序将继续运行最后一个花括号之后的指令。

2.8   常量

对于常量值(例如,在 sketch 程序运行期间不改变的引脚分配),使用关键字 **const**,可以告诉编译器这种变量有一个常数值,并且不会改变。

例如,可以为 LED 定义引脚分配,如下所示:

```
const int ledPin = 13;
```

编写的任何 sketch 程序在没有 **const** 关键字的情况下都可以正常运行,但是设置常量可以使程序略微变小,随着程序的扩充,这种设置会变得很有意义。无论如何,将数值不会改变的变量定义为常量是个好习惯。

Arduino 定义了自己的一些常量。例如,HIGH、LOW 和 OUTPUT 都是常量,它们实际上表示数字,但是使用名称要容易得多。Arduino 使用的另一个常量是 LED_BUILTIN,可以在各种闪烁实验中使用它。对于 Arduino Uno,它的值为 13,但对于其他板,它可能指的是不同的引脚号。

2.9   本章小结

本章中你已开始学习 C 语言。可以让 LED 以各种令人兴奋的方式闪烁,并让 Arduino 使用 **Serial.println** 函数通过 USB 将结果发送给你。你还研究了如何使用 **if** 和 **for** 语句来控制指令的执行顺序,并学习了一些关于使 Arduino 完成算术运算的知识。

在下一章中,你将更详细地了解函数,还将介绍除本章中使用的 **int** 类型以外的变量类型。

第3章

函　　数

本章主要关注几种可以自己编写的函数，而不是那些已经定义好的内置函数(如 **digitalWrite** 和 **delay**)。

需要掌握自己编写函数技能的原因是，随着 sketch 程序变得越来越复杂，**setup** 和 **loop** 函数将会不断增长，直到它们又长又复杂，这样要理解它们如何工作将会变得很困难。

软件开发过程中最大的问题是管理复杂性。最优秀的程序员能编写出易于查看和理解的软件，因此这些软件只需要很少的注释。

函数是创建易于理解的 sketch 程序的关键工具，它们可以轻松地改变项目，但也有将所有事通通搞砸的风险。

3.1　什么是函数

函数有点像程序中的程序，可以用来封装一些想做的操作。定义的函数可以在 sketch 程序中的任何位置调用，并包含自己的变量和指令列表。当指令运行完成后，将回到调用函数时所处位置的下一条指令并继续执行。

我们将通过实例来讲解，让发光二极管(LED)闪烁的代码可以作为那些应该放在函数中的代码的基本范例。所以修改基本的"闪烁 20 次"sketch 程序，使用即将创建的一个名为 **flash** 的函数，如下所示：

```
// 03_01_blink_function
const int ledPin = 13;
const int delayPeriod = 250;

void setup() {
  pinMode(ledPin, OUTPUT);
}

void loop() {
  for (int i = 0; i < 20; i ++) {
    flash();
  }
  delay(3000);
}

void flash() {
  digitalWrite(ledPin, HIGH);
  delay(delayPeriod);
  digitalWrite(ledPin, LOW);
  delay(delayPeriod);
}
```

在这里只是将控制 LED 闪烁的四行代码从 for 循环中移到它们自己的 **flash**
函数中。现在只需要通过输入 **flash** 来调用新函数，就可以随时使 LED 闪烁。
注意函数名称后面的空括号。这表明 **flash** 函数不带任何参数，使用的延时值
由之前使用的同一个 **delayPeriod** 变量设置。

3.2　参数

通常情况下，当把 sketch 程序分解成一些函数时，每个函数可以提供什么
样的功能值得深思。对于 **flash** 函数，其功能相当明显。但这一次，将为这个函
数提供一些参数，告诉它闪烁多少次，闪烁时间应该多长。通读下面的代码，
稍后将更详细地解释这些参数的用法。

```
// 03_02_blink_function_params
const int ledPin = 13;
const int delayPeriod = 250;
```

```
void setup() {
  pinMode(ledPin, OUTPUT);
}

void loop() {
  flash(20, delayPeriod);
  delay(3000);
}

void flash(int numFlashes, int d) {
  for (int i = 0; i < numFlashes; i ++) {
    digitalWrite(ledPin, HIGH);
    delay(d);
    digitalWrite(ledPin, LOW);
    delay(d);
  }
}
```

如果再次审视 **loop** 函数，就会发现现在它只有两行代码了。我们已将大部分工作转移到了 **flash** 函数中。注意当调用 **flash** 函数时如何用圆括号中的两个数为其提供参数。

在 sketch 程序底部定义函数的地方，必须在参数中声明变量的类型。在本例中，它们都是整型。事实上，此处正在定义新的变量。但是，这些变量 (**numFlashes** 和 **d**)只能在 **flash** 函数中使用。

这是一个很有用的函数，因为它包含了让 LED 闪烁所需的全部代码。从函数外部需要的唯一信息是 LED 连接到哪个引脚。如果你愿意，也可以把它作为一个参数；如果有多个 LED 连接到 Arduino，这样做是非常值得的。

3.3　全局变量、局部变量和静态变量

综上所述，函数的参数只能在函数内部使用。所以，如果输入并运行下面的代码，将会报错：

```
void indicate(int x) {
  flash(x, 10);
```

```
}
x = 15;
```

另一方面，假设输入如下代码：

```
int x = 15;
void indicate(int x) {
  flash(x, 10);
}
```

这段代码不会导致编译错误。但是需要小心，因为现在实际上有两个名为 **x** 的变量，每个变量可以有不同的值。在第一行声明的那个 **x** 被称为全局变量。之所以被称为全局变量，是因为它可以在程序的任何地方使用，包括任何函数内部。

但是，因为在函数内部使用相同的变量名称 **x** 作为参数，所以不能使用全局变量 **x**，只要在函数内引用 **x**，**x** 的"局部"版本就具有优先权。参数 **x** 被称为同名全局变量的映射。当尝试调试项目时，这可能会导致混淆。

除了定义用作参数的变量，还可以定义不是参数的变量，而只在函数中使用它。这些变量被称为局部变量，例如：

```
void indicate(int x) {
  int timesToFlash = x * 2;
  flash(timesToFlash, 10);
}
```

局部变量 **timesToFlash** 只有在函数 **indicate** 运行时才存在。一旦 **indicate** 函数执行完最后的指令，它将消失。这意味着局部变量只能从定义它们的函数中访问。

举个例子，下面的例子会导致报错：

```
void indicate(int x) {
  int timesToFlash = x * 2;
  flash(timesToFlash, 10);
}
timesToFlash = 15;
```

经验丰富的程序员通常会怀疑全局变量，原因是它们违背封装的原则。封

装的理念是：应该将用来实现特定功能的一切代码包装在单个包中。因此封装
功能非常有用。"globals"(全局变量的通常叫法)存在的问题是：它们通常在
sketch 程序的开头被定义，然后可能在整个程序中使用。使用全局变量有时候
有完全正当的理由。但在其他时候，例如，用全局变量传递参数更合适时，人
们会用它们来偷懒。在本例中，**ledPin** 是一个很好用的全局变量。它在 sketch
程序的顶部查找起来也非常方便，易于更改。

　　局部变量的另一个特点是：每次运行函数时都会初始化它们的值。这比
Arduino sketch 程序中的 **loop** 函数更为真实(通常不方便)。下面尝试在上一章的
一个例子中使用局部变量代替全局变量：

```
// 03_03_blink_20_faulty
const int ledPin = 13;
const int delayPeriod = 250;

void setup() {
  pinMode(ledPin, OUTPUT);
}

void loop() {
 int count = 0;
 digitalWrite(ledPin, HIGH);
 delay(delayPeriod);
 digitalWrite(ledPin, LOW);
 delay(delayPeriod);
 count ++;
 if (count == 20) {
   count = 0;
   delay(3000);
 }
}
```

　　Sketch 03_03_blink_20_faulty 基于 Sketch 02-09_blink_20_loop，但它尝试使
用局部变量而不是全局变量来计算闪烁次数。

　　这个 sketch 程序被中断了。它无法正常运行，因为每次 **loop** 运行时，变量
count 都将被赋予 0，所以 **count** 永远不会达到 20，LED 将永远保持闪烁。首
先考虑全局变量 **count** 的原因是：它的值不会被重新设定。这里唯一使用 **count**
的地方就是 **loop** 函数，所以它应该被放置在该函数内。

幸运的是，C 语言中有一种机制可以解决这个难题，这就是使用关键字 **static**。当在声明函数的变量前使用关键字 **static** 时，只会在第一次运行函数时初始化变量。完美！这正是这种情况下所需要的解决方法。可以在使用函数时保留变量的值，而不用在函数每次运行时将其归 0。Sketch 03_04_blink_20_static 展示了这种操作：

```
// 03_04_blink_20_static
const int ledPin = 13;
const int delayPeriod = 250;

void setup() {
 pinMode(ledPin, OUTPUT);
}

void loop() {
 static int count = 0;
 digitalWrite(ledPin, HIGH);
 delay(delayPeriod);
 digitalWrite(ledPin, LOW);
 delay(delayPeriod);
 count ++;
 if (count == 20) {
  count = 0;
  delay(3000);
 }
}
```

3.4　返回值

计算机科学作为一门学科，是数学和工程学的子学科。两者中许多的名词依然在与编程相关的名称中沿用。函数这个词本身就是一个数学术语。在数学中，函数的输入(参数)完全决定了输出。我们已经编写了一些有输入的函数，但是没有一个函数提供返回值。所有的函数都是"空"函数。如果一个函数有返回值，那么需要指定返回类型。

下面看看如何编写一个获取摄氏温度值，并返回对应的华氏温度值的

函数:

```
int centToFaren(int c) {
 int f = c * 9 / 5 + 32;
 return f;
}
```

上述函数定义现在以 **int** 而不是 **void** 开头,表示该函数将返回一个 **int** 值。下面的一行代码以 **int** 开头,返回一个 **int** 值:

```
int pleasantTemp = centToFaren(20);
```

任何非空函数都必须有一条 **return** 语句。如果没有,编译器会提示 **return** 语句丢失。可以在同一个函数中包含多条 **return** 语句。如果有一条 **if** 语句,其中包含基于某些条件的替代操作,则可能会出现这种情况。有些程序员对此不以为然,如果函数很小(所有的函数都应当如此),那么这种做法就不成问题。

跟在 **return** 后面的值可以是表达式,而不一定是变量的名称。所以可以将前面的例子压缩为以下形式:

```
int centToFaren(int c) {
 return (c * 9 / 5 + 32);
}
```

如果被返回的表达式不仅仅是变量名,那么应该像前面的示例一样将其放在圆括号中。

3.5 其他变量类型

到目前为止,所有的变量都是 **int** 型变量。这是迄今为止最常用的变量类型,但还有一些你应该知道的其他变量类型。

3.5.1 float(浮点型)

与之前的温度转换例子相关的一种变量类型是 **float**。该变量类型表示浮点数——也就是可能有小数点的数字,如 1.23。当整数不够精确时,需要使用该变量类型。

请注意以下公式:

```
f = c * 9 / 5 + 32
```

如果给 **c** 赋值 17,那么 **f** 将是 17*9/5+32,即 62.6。但如果 **f** 是一个整数,那么它的值将会是 62。

如果不注意指令的顺序,那么问题会变得更糟。例如,假设先做了除法,如下:

```
f = (c / 5) * 9 + 32
```

用正常的数学方法来计算,结果仍然是 62.6,但是如果所有的数字都是整数,那么计算过程如下:

(1) 17 被 5 除,得到 3.4,然后被截断为 3。

(2) 将 3 乘以 9 并且加上 32,得到结果 59 —— 这和 62.6 相比有很大偏差。

对于这样的情况,可以使用浮点数。在下面的例子中,使用浮点数重写温度转换函数:

```
float centToFaren(float c) {
  float f = c * 9.0 / 5.0 + 32.0;
  return f;
}
```

注意如何将.0 添加到常量的末尾。这样做可以确保编译器知道要把它们当作浮点数而不是整数处理。

3.5.2 Boolean(布尔型)

布尔值是逻辑概念上的,它们仅有一个值:true 或 false。

在 C 语言中,布尔值用小写字母 b 拼写,但在一般情况下,布尔值有一个大写的首字母,因为它是以数学家乔治·布尔(George Boole)的名字命名的,他发明了对计算机科学至关重要的布尔逻辑。

你可能还没有意识到,但是当学习 **if** 指令时,已经遇到了布尔值。**if** 语句中的条件(如(count==20))实际上是一个产生布尔结果的表达式。运算符==被称为比较运算符，它比较两个数字并返回 true 或 false。

可以按如下方法定义并使用布尔变量：

```
boolean tooBig = (x > 10);
if (tooBig) {
  x = 5;
}
```

布尔值可以使用布尔运算符来操纵。因此，类似于如何对数字执行算术运算，你也可以对布尔值执行操作。最常用的布尔运算符是与(写成&&)和或(写成||)。

图 3-1 显示了与和或运算符的真值表。

与

B \ A	false	true
false	false	false
true	false	true

或

B \ A	false	true
false	false	true
true	true	true

图 3-1　真值表

从图 3-1 中的真值表可以看出，对于与运算，如果 **A** 和 **B** 都为 true，那么结果为 true；否则，结果为 false。

另一方面，使用或运算符，如果 **A** 或 **B**，或者 **A** 和 **B** 都是为 true，那么结果为 true。只有当 **A** 和 **B** 都不为 true 时，结果才为 false。

除了与和或运算符，还有非运算符，写成!。非 true 即为 false，非 false 即为 true，对此你应该不会惊讶。

可以将这些运算符组合到 **if** 语句的布尔表达式中，如下所示：

```
if ((x > 10) && (x < 50))
```

3.5.3　其他数据类型

如你所见，**int** 和 **float** 类型在大多数情况下都是适用的。但是，在某些情况下, 其他的数据类型可能会有所帮助。在 Arduino sketch 程序中, **int** 类型使用 16 位(二进制数字), 这允许它表示-32 768 到 32 767 之间的数字。

表 3-1 总结了可用的其他数据类型。在阅读本书时, 可参考表 3-1 并使用里面所列的其他一些数据类型。请注意, 使用 32 位架构(如 ESP32 板)的 Arduino 设备具有 4 字节 **int**, 使其与 Arduino Uno 上的 **long** 具有相同的表示范围。

表 3-1　C 语言中的数据类型

类　型	存储空间(字节)	表示范围	注意事项
boolean	1	true 或 false(0 或 1)	无
char	1	–128～+127	用于表示 ASCII 字符码, 例如 A 表示为 65, 负数通常不被使用
byte	1	0～255	通常用于将串口数据作为单个数据单元进行通信
int	2	–32 768～+32 767	无
unsigned int	2	0～65 535	在不需要负数的情况下可以提供额外的精度。请谨慎使用, 因为使用整数的算术运算可能会导致意想不到的结果
long	4	–2 147 483 648～2 147 483 647	仅在需要表示非常大的数时使用
unsigned long	4	0～4 294 967 295	见 unsigned int
float	4	–3.4028235E+38～+3.4028235E+38	无
double	4	和 float 相同	通常情况下, 应该是 8 字节, 拥有比 float 更高的精度和更大的表示范围。但是, 在 Arduino 上, double 和 float 一样

有一件要考虑的事情是, 如果数据类型超出了范围, 就会发生奇怪的事情。所以, 如果有一个值为 255 的 byte 变量, 然后将其加 1, 那么会得到 0。更令人震惊的是, 如果有一个值为 32 767 的 **int** 变量, 然后将其加 1, 那么最终会得到-32 768。

在完全适应这些不同的数据类型之前，建议坚持使用 **int**，因为它几乎适用于所有场合。

3.6　编码风格

C 语言编译器并不关心你如何布局代码。在 C 语言的格式规范下，可以将所有语句用分号间隔后堆积在同一行中。然而，精心布局的整齐代码比杂乱无章的代码更容易阅读和维护。从这个意义上说，阅读代码就像阅读一本书一样：格式化很重要。

在某种程度上，格式化是个人品味问题。没有人喜欢别人认为自己的品味不好，所以关于代码该如何编排的争论可能会变成人身攻击。对于程序员来说，当需要用别人的代码做一些事情时，首先会将所有的代码重新格式化为他们喜欢的表示风格。

作为这个问题的答案，编码标准通常是为了鼓励每个人以同样的方式编排自己的代码，并在编写程序时采取"良好的做法"。

C 语言有一个已经发展了多年的实用至上的标准，本书普遍基于这个标准。

3.6.1　缩进

在你见过的 sketch 示例程序中，可以看到经常从左侧页边缩进程序代码。例如，在定义 **void** 函数时，**void** 关键字位于左侧边缘，下一行的花括号也是如此，但是花括号内的所有文本都是缩进的。缩进量并不重要。有些人使用两个空格，也有些人使用四个空格。也可以按 Tab 键缩进。在本书中，使用两个空格来缩进。

如果在函数定义中有一条 **if** 语句，那么需要在 **if** 命令的花括号内为代码行再添加两个空格，如下例所示：

```
void loop() {
  static int count = 0;
  count ++;
  if (count == 20) {
```

```
  count = 0;
  delay(3000);
 }
}
```

你可能会在第一个 **if** 里面包含另一个 **if**，这会增加缩进级别，也就是从左侧页边留出六个空格。

所有这些听起来可能都是微不足道的，但是如果要对其他人的格式混乱的 sketch 程序进行排序，就会发现这样做非常困难。

3.6.2　花括号

关于把 **if** 语句或 **for** 循环中的第一个花括号放在函数定义的什么位置，有两种思路。一种是在指令的其余部分放置花括号，如下所示；另一种是放在同一行中，就像在所有示例中所做的那样：

```
void loop()
{
 static int count = 0;
 count ++;
 if (count ==20)
 {
   count = 0;
   delay(3000);
 }
}
```

这种风格在 Java 编程语言中最常用，与 C 语言的语法基本相同。

3.6.3　空白

除了使用空格、制表符和换行来分隔 sketch 程序中的"标记"或单词，编译器通常会忽略它们。因此，下面的例子在编译时没有问题：

```
void loop() {static int
count=0;count++;if(
count==20){count=0;
delay(3000);}}
```

上述代码可以运行，但如果尝试阅读，就比较难懂。

在赋值时，有些人会这样编写代码：

```
int a = 10;
```

但另一些人会这样编写代码：

```
int a=10;
```

使用这两种风格中的哪一种真的不重要，但是最好保持一致。本书使用第一种形式。

3.6.4　注释

注释是和所有真正的程序代码一起保存在 sketch 程序中的文本，但实际上注释不执行任何编程功能。注释的唯一作用是提醒你或他人为什么代码是这样写的。注释行也可以用来显示标题。

编译器将完全忽略所有标记为注释的文本。到目前为止，我们已经在书中的许多 sketch 程序的顶部添加了作为标题的注释。

注释的语法有如下两种形式：

- 以//开始的单行注释，将在行尾结束
- 以/*开头并以*/结尾的多行注释

以下是使用这两种注释形式的示例：

```
/* 一个不是很有用的 loop 函数。
作者: Simon Monk
用来说明注释的概念 */

void loop() {
 static int count = 0;
 count ++; //一个单行注释
 if (count == 20) {
  count = 0;
  delay(3000);
 }
}
```

在本书中，将尽可能坚持使用单行注释格式。

良好的注释有助于解释 sketch 程序中发生了什么或者如何使用 sketch 程序。如果其他人打算使用你的 sketch 程序，那么它们会非常有用。当你正在查看一个好几星期都没碰过的 sketch 程序时，注释对你自己也同样有用。

有些人在编程课程中被告知，注释越多越好。大多数经验丰富的程序员会告诉你，写得很好的代码对注释的要求很少，因为它们的含义是不言自明的。如果出现以下情况，应该使用注释：

- 解释你所做的有点儿棘手或不易理解的事情。
- 对用户需要做的事情的描述不属于程序的一部分，例如，//**该引脚应连接到控制继电器的晶体管。**
- 留下自己的笔记，例如，//**待办事项：整理这个——真是一团糟。**

最后一点演示了注释中**待办事项**的实用技巧。程序员经常在代码中加入**待办事项**来提醒自己稍后需要做的事情。他们总是可以在 Arduino 集成开发环境(IDE)中使用搜索工具，查找程序中所有出现的"待办事项"。

下面将展示一些使用不当的注释：

- 陈述公然且显而易见的事情，例如，$a = a + 1$; //将 a 加 1。
- 解释写得糟糕的代码。不要对这些代码进行注释，只要写清楚即可。

3.7   本章小结

本章内容的重心稍微偏理论一点。你需要吸收一些新的抽象概念，把 sketch 程序组织成函数，并选择一种从长远来看可以节省时间的编程风格。

在下一章中，你便可以开始应用学到的知识，并学习如何更好地结构化数据和使用文本字符串。

第4章

数组和字符串

阅读完第 3 章之后，你对于如何构建 sketch 程序应该有了进一步的了解，这样可以让生活更轻松。如果说优秀程序员有什么喜欢的事物，那就是轻松的生活。现在将注意力转向在 sketch 程序中使用的数据。

Niklaus Wirth 的 *Algorithms + Data Structures = Programs* (PrenticeHall，1976) 一书虽然已经出版了很长一段时间，但它仍然抓住了计算机科学和编程的本质。强烈推荐所有受编程错误困扰的程序员阅读。另外，该书抓住了编写优秀程序的窍门——考虑算法(做什么)和使用的数据结构。

你已经了解过 **loop**、**if** 语句以及所谓的 Arduino 编程的"算法"知识，现在要转向学习如何结构化数据。

4.1　数组

数组是容纳变量列表的一种方式。到目前为止，你所遇到的变量只包含一个单一的值，通常是 **int** 型数据。相比之下，数组包含变量的列表，可以通过列表中的位置来访问这些值中的任何一个。

与大多数编程语言一样，C 语言的索引位置开始于 0 而不是 1，这意味着第一个元素实际上是元素 0。

为了说明数组的用法，可以创建一个示例应用程序，使用 Arduino 开发板内置的 LED，以摩尔斯电码重复闪烁"SOS"。

　　摩尔斯电码曾经是 19 和 20 世纪重要的通信手段。由于将字母编码为一系列长点和短点，摩尔斯电码可以通过电报线、无线电链路和信号灯发送。字母"SOS"(通常被理解为"拯救我们的灵魂")仍然被认为是一种国际性的求救信号。

　　字母"S"由三个短闪(点)表示，字母"O"由三个长闪(短画线)表示。将使用一系列 **int** 数组来保存将要制作的每个闪烁的持续时间。然后，可以使用 **for** 循环来遍历数组中的每一项，从而使闪烁持续适当的时间。

　　首先，来看看怎样才能创建一个包含持续时间的 **int** 数组：

```
int durations[] = {200, 200, 200, 500, 500, 500, 200, 200, 200};
```

　　通过在变量名的后面加上[]来表示一个变量包含一个数组。

　　本例中，将在创建数组时设置持续时间的值。这样做的语法是使用花括号，然后使用逗号分隔每个值。不要忘记行尾的分号。

　　可以使用方括号表示法来访问任何给定的数组元素。所以，如果想获得数组的第一个元素，可以编写下面的代码：

```
durations[0]
```

　　为了说明这一点，sketch 04_01_array 将创建一个数组，然后将所有的值显示到串口监视器上：

```
// 04_01_array

int durations[] = {200, 200, 200, 500, 500, 500, 200, 200, 200};

void setup() {
  Serial.begin(9600);
  for (int i = 0; i < 9; i++) {
    Serial.println(durations[i]);
  }
}

void loop() {}
```

　　请注意，只要不打算修改 sketch 程序中的数组，就可以为数组和普通变量使用关键字 **const**。

上传 sketch 程序到 Arduino 开发板，然后打开串口监视器。如果一切正常，将看到如图 4-1 所示的内容。

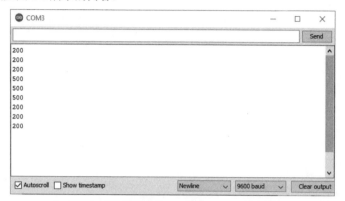

图 4-1　串口监视器显示的 sketch 04_01_array 程序的输出

这很简洁，因为如果想给数组添加更多的持续时间，需要做的就是将它们添加到花括号内的列表中，并将 **for** 循环中的 "9" 更改为新的数组大小。

必须对数组保持谨慎，因为编译器不会尝试阻止访问超出数组末尾的数据元素。这是因为数组实际上是指向内存地址的指针，如图 4-2 所示。

程序将数据(包括普通变量和数组)保存在内存中，计算机内存的分配比人类记忆要严格得多。把 Arduino 中的内存想象成鸽巢是最容易的。例如，当定义一个由 9 个元素组成的数组时，其后可用的 9 个鸽子孔被保留供其使用，并且该变量被称为指向数组的第一个鸽子孔或元素。

回到关于允许访问超出数组边界的问题，如果决定访问 **duration[10]**，那么仍然会得到一个 **int** 型返回值，但是这个 **int** 型返回值可以是任何内容。这本身是无害的，只是如果不小心得到一个数组之外的值，可能会在 sketch 程序中得到令人困惑的结果。

但更糟糕的情况是尝试更改数组范围以外的值。例如，如果在程序中包含以下内容，结果可能会让 sketch 程序崩溃：

```
durations[10] = 0;
```

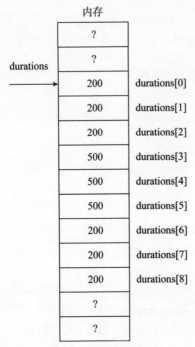

图 4-2   数组和指针

鸽巢中的 **durations[10]**可能正在被一些完全不同的变量使用。所以一定要确保数组不会超出范围。如果 sketch 程序中开始出现异常，那么需要检查这种问题。

使用数组的摩尔斯电码 SOS

下面的 sketch 04_02_array_sos 向你展示了如何使用数组来发出 SOS 紧急信号：

```
// 04_02_array_sos
const int ledPin = 13;

int durations[] = {200, 200, 200, 500, 500, 500, 200, 200, 200};

void setup() {
```

```
    pinMode(ledPin, OUTPUT);
}

void loop() {
  for (int i = 0; i < 9; i++) {
    flash(durations[i]);
  }
  delay(1000);
}

void flash(int delayPeriod) {
  digitalWrite(ledPin, HIGH);
  delay(delayPeriod);
  digitalWrite(ledPin, LOW);
  delay(delayPeriod);
}
```

这种方法的一个明显优点是：通过简单地改变 **durations** 数组，可以非常容易地改变信息内容。在 sketch 04_05_morse_flasher 中，将进一步使用数组来制作更通用的摩尔斯电码闪光器。

4.2　字符串数组

在编程世界中，字符串与用来打结的长且细的东西(绳子)无关。字符串是一系列字符，是一种可以让 Arduino 处理文本的方式。例如，sketch 04_03_string 将每秒重复发送一次文本"Hello"到串口监视器：

```
// 04_03_string
void setup() {
  Serial.begin(9600);
}

void loop() {
  Serial.println("Hello");
  delay(1000);
}
```

4.2.1　字符串常量

字符串常量用双引号括起来。字面意思上，字符串是常数，而不像 **int** 123。

如你所料，可以把字符串放在变量中。Arduino 还有一个高级的字符串库，但现在将使用标准的 C 字符串，如 sketch 04_03_string 中的那个。

在 C 语言中，字符串常量实际上是 **char** 类型的数组。**char** 类型有点像 **int**，也是一个数字，但是这个数字在 0 到 127 之间，每个数字代表一个字符。字符可以是字母、数字、标点符号或特殊字符，如制表符或换行符。这些字符的数字代码使用称为 ASCII 码的标准。表 4-1 列出了一些最常用的 ASCII 码。

表 4-1　常用的 ASCII 码表

字　符	ASCII 码(十进制)
A～z	97～122
A～Z	65～90
0～9	48～57
空格	32

字符串常量“Hello”实际上是一个字符数组，如图 4-3 所示。

请注意，字符串常量的末尾有一个特殊的空字符(\0)。这个字符用来表示字符串的结尾。

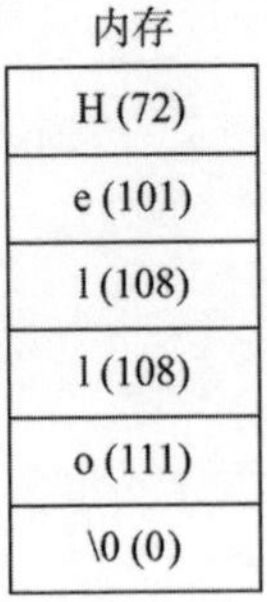

内存

H (72)
e (101)
l (108)
l (108)
o (111)
\0 (0)

图 4-3　字符串常量“Hello”

4.2.2　字符串变量

正如你所想的那样，字符串变量与数组变量非常相似，有一种非常实用的简写方法，可用来定义它们的初始值。

```
char name[] = "Hello";
```

这将定义一个字符数组并将其初始化为单词"Hello"，还会添加最后的空值(ASCII 0)来标记字符串的末尾。

虽然前面的例子与你所知道的关于写入数组的知识是一致的，但是编写以下代码将更为常见：

```
char *name = "Hello";
```

这是等效的，*表示指针。这个示例的意思是：**name** 指向 **char** 数组的第一个 **char** 元素，也就是包含字母 H 的内存位置。

可以重写 sketch 04_03_string 来使用变量以及字符串常量，如下所示：

```
// 04_04_string_var
char message[] = "Hello";

void setup() {
  Serial.begin(9600);
}

void loop() {
  Serial.println(message);
  delay(1000);
}
```

4.3　摩尔斯电码转换器

下面把学到的关于数组和字符串的知识结合在一起，构建一个更复杂的 sketch 程序，接受来自串口监视器的任何信息，并在内置的 LED 上通过闪烁的方式显示出来。

摩尔斯电码中的字母如表 4-2 所示。

表 4-2   摩尔斯电码中的字母

A	.-	N	-.	0	-----
B	-...	O	---	1	.----
C	-.-.	P	.--.	2	..---
D	-..	Q	--.-	3	...--
E	.	R	.-.	4	....-
F	..-.	S	...	5	.....
G	--.	T	-	6	-....
H	....	U	..-	7	--...
I	..	V	...-	8	---..
J	.---	W	.--	9	----.
K	-.-	X	-..-		
L	.-..	Y	-.--		
M	--	Z	--..		

摩尔斯电码的规则是：短画线的持续时间是点的三倍，每个短画线或点之间的时间等于点的持续时间，两个字母之间的间隔与短画线的时间长度相同，并且两个单词之间的间隔与七个点的持续时间相同。

在本项目中，不必担心标点符号，但是尝试添加它们到 sketch 程序中对你来说是一项有趣的练习。可以通过链接[1]获取包含所有摩尔斯字符的完整列表。

4.3.1   数据

接下来逐步构建这个示例，首先将介绍表示摩尔斯电码的数据结构。

对于这个问题没有固定的解决办法，了解这一点很重要。不同的程序员会想出不同的方法来解决同一个问题。所以，"我永远想不出来解决办法"这种想法是错误的，很可能你会想出和别人不同，甚至更好的解决方法。每个人都以不同的方式思考，这个解决方法恰好是最早出现在笔者头脑中的方法。

数据表示是将表 4-2 中的字符用 C 语言表示。实际上，将把数据分成两个表：一个用来代表字母，另一个用来代表数字。这些字母的数据结构如下：

```
char* letters[] = {
  ".-", "-...", "-.-.", "-..", ".", // A-I
  "..-.", "--.", "....", "..",
  ".---", "-.-", ".-..", "--", "-.", // J-R
```

```
    "---", ".--.", "--.-", ".-.",
    "...", "-", "..-", "...-", ".--", // S-Z
    "-..-", "-.--", "--.."
};
```

在这里创建的是一个字符串变量的数组。所以，因为字符串变量实际上是一个 **char** 数组，所以实际上此处创建了一个数组中的数组——这是完全合法且非常有用的。

这意味着要找到摩尔斯电码中的 A，需要访问 **letters[0]**，这样就会得到需要的字符串.-。这种方法不是非常高效，因为需要使用一个完整的字节(8 位)来表示本可以用 1 位来表示的短画线或点。但是，可以很容易地判断出：采用这种方法的总字节数仍然只有大约 90 字节，而此处有 2048 字节可用。同样重要的是，这种做法使代码易于理解。

对于数字使用相同的方法：

```
char* numbers[] = {
    "-----", ".----", "..---", "...--", "....-",
    ".....", "-....", "--...", "---..", "----."};
```

4.3.2 全局变量和 setup 函数

需要定义两个全局变量：一个用于定义点的延时，另一个用于定义 LED 连接到哪个引脚。

```
const int dotDelay = 200;
const int ledPin = 13;
```

setup 函数非常简单，只需要将 **ledPin** 设置为输出并设置串口：

```
void setup() {
  pinMode(ledPin, OUTPUT);
  Serial.begin(9600);
}
```

4.3.3   loop 函数

现在要让 **loop** 函数开始真正发挥作用。这个函数的算法如下：

● 如果从 USB 读取字符：

  • 如果是字母，请使用字母数组进行闪烁。

  • 如果是数字，请使用数字数组进行闪烁。

  • 如果是空格，那么闪烁时间为点延时的 4 倍。

就这样。你不应该想太多。这个算法代表你想要做什么，或者你的意图是什么，这种编程方式被称为意图导向编程(programming by intention)。

如果用 C 语言编写这个算法，将如下所示：

```
void loop() {
 char ch;
 if (Serial.available() > 0) {
  ch = Serial.read();
  if (ch >= 'a' && ch <= 'z') {
   flashSequence(letters[ch - 'a']);
  }
  else if (ch >= 'A' && ch <= 'Z') {
   flashSequence(letters[ch - 'A']);
  }
  else if (ch >= '0' && ch <= '9') {
   flashSequence(numbers[ch - '0']);
  }
  else if (ch == ' ') {
   delay(dotDelay * 4);        //单词之间的间隔
  }
 }
}
```

这里有一些需要解释的地方。首先是 **Serial.available()**。为了理解它，首先需要了解一下 Arduino 如何通过 USB 与计算机进行通信。图 4-4 总结了这个过程。

在计算机将数据从串口监视器发送到 Arduino 开发板后，从 USB 传来的信号将由 USB 信号电平和协议被转换为 Arduino 开发板上的微控制器可用的数据。这种转换发生在 Arduino 开发板的专用芯片上。之后数据由微控制器上被称为通用异步接收器/发送器(Universal Asynchronous Receiver/Transmitter，

UART)的部分接收。UART 将接收到的数据放入缓冲区。缓冲区是一块特殊的内存区域(128 字节),可以保存读取后便要立即删除的数据。

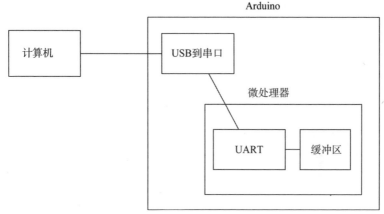

图 4-4　与 Arduino 进行串口通信

这种数据交互随时都可能进行,而无论 sketch 程序正在做什么。所以,尽管可能正在不停地闪烁 LED,但是数据仍然会到达缓冲区并待在那里,直到你准备好读取它们。可以将缓冲区看作电子邮件收件箱。

检查"是否有邮件"的方式是使用 **Serial.available()** 函数。该函数返回缓冲区中等待读取的数据的字节数。如果没有信息等待读取,那么该函数返回 0。这就是要用 **if** 语句检查是否有多于零字节可供读取的原因,如果有,那么语句所做的第一件事是使用函数 **Serial.read()** 读取下一个可用的 **char** 变量。

这个函数被赋值给局部变量 **ch**。

接下来的另一条 **if** 语句决定想要用闪烁表达的事情是什么:

```
if (ch >= 'a' && ch <= 'z') {
    flashSequence(letters[ch - 'a']);
}
```

一开始,这可能有点令人奇怪。此处正在使用<=和>=来比较字符。因为每个字符实际上是由数字(它的 ASCII 码)表示的,所以可以这样做。因此,如果字符的 ASCII 码在 a 和 z (97 和 122)之间,那么可以判断来自计算机的字符是小写字母。然后调用一个还没有编写的名为 **flashSequence** 的函数,传递一串点和短画线。例如，要通过闪烁的方式表示 a，需要通过传输.-作为它的参数。

我们正在编写这个函数实际的闪烁功能。请不要在 **loop** 中实现此功能。这可以保持代码的可读性。

这些短画线和点构成的 C 语言字符串就是确定要发送给 **flashSequence** 函数的内容：

```
letters[ch - 'a']
```

这看起来还是有点令人奇怪。该函数似乎是从一个字符中减去另一个字符。这实际上是一种非常合理的做法，因为该函数实际上是减去 ASCII 值。

请记住，你正在将这些字母的代码存储到数组中。因此数组的第一个元素包含字母 A 的短画线和点，第二个元素包括字母 B 的点和短画线，等等。因此，需要在数组中找到从缓冲区中获取的字母的正确位置。对于任何小写字母的位置，将字母的 ASCII 码减去 a 字母的 ASCII 码，就可以得到它的特征码。例如，a–a 实际上是 97–97=0。同样，c–a 实际上是 99–97=2。因此，在上面的语句中，如果 **ch** 是字母 c，那么方括号内的数据将被计算为 2，然后将从数组中获取元素 2，也就是-.-。。

本节描述的是小写字母，还必须处理大写字母和数字。这些都可以用相似的方式处理。

4.3.4　flashSequence 函数

之前假定了一个名为 **flashSequence** 的函数并使用它，但现在需要编写它。我们已经计划令它包含一系列短画线和点，并在正确的时间进行必要的闪烁。

在思考如何实现算法时，可以将其分解成以下步骤。

- 表示短画线和点(如.-.-)的每个元素：
  - 用闪烁表示那些点或短画线。

使用意图导向编程的概念，可保持函数的简单性。

字母的摩尔斯电码的长度都不相同，所以需要绕着字符串循环，直到遇到结束标记\0。还需要一个名为 i 的计数器变量，该计数器变量从 0 开始，并在处理过程中查看每个点和短画线时递增：

```
void flashSequence(char* sequence) {
  int i = 0;
  while (sequence[i] != '\0') {
    flashDotOrDash(sequence[i]);
    i++;
  }
  delay(dotDelay * 3);    // 字符之间的间隔
}
```

这里又一次将实际的单个点或短画线的闪烁功能委托给一个名为 **flashDotOrDash** 的新函数,该函数实际上可以打开和关闭 LED。最后,在程序闪烁了点和短画线后,需要暂停三个点时间长度的延迟。请注意适当使用注释。

4.3.5　flashDotOrDash 函数

函数链中的最后一个函数 **flashDotOrDash** 将实现打开和关闭 LED 的功能。该函数采用单个字符作为参数,可以是点(.)或短画线(-)。

这个函数所需要做的是打开 LED,如果是一个点,延迟一个点的时间;如果是短画线,就延迟三个点的时间,然后关闭 LED。最后,需要为闪烁之间的间隔延迟一个点的时间。

```
void flashDotOrDash(char dotOrDash) {
  digitalWrite(ledPin, HIGH);
  if (dotOrDash == '.') {
    delay(dotDelay);
  }
  else { //必须是-
    delay(dotDelay * 3);
  }
  digitalWrite(ledPin, LOW);
  delay(dotDelay); //闪烁之间的间隔
}
```

4.3.6　整合所有部分

现在将所有部分整合到一起,完整的代码清单将在 sketch 04_05_morse_flasher 中展示。将其上传到你的 Arduino 开发板并尝试运行。请记住,

为了使用它，需要打开串口监视器，并在顶部区域输入一些文本，然后单击 Send
按钮。之后，应该会看到文本闪烁为摩尔斯电码。

```
//sketch 04_05_morse_flasher
const int ledPin = 13;
const int dotDelay = 200;

char* letters[] = {
  ".-", "-...", "-.-.", "-..", ".", "..-.", "--.", "....", "..",    // A-I
  ".---", "-.-", ".-..", "--", "-.", "---", ".--.", "--.-", ".-.",  // J-R
  "...", "-", "..-", "...-", ".--", "-..-", "-.--", "--.."          // S-Z
};

char* numbers[] = {
  "-----", ".----", "..---", "...--", "....-", ".....", "-....", "--...",
  "---..", "----."};


void setup() {
  pinMode(ledPin, OUTPUT);
  Serial.begin(9600);
}

void loop() {
  char ch;
  if (Serial.available() > 0) {
    ch = Serial.read();
    if (ch >= 'a' && ch <= 'z') {
      flashSequence(letters[ch - 'a']);
    }
    else if (ch >= 'A' && ch <= 'Z') {
      flashSequence(letters[ch - 'A']);
    }
    else if (ch >= '0' && ch <= '9') {
      flashSequence(numbers[ch - '0']);
    }
    else if (ch == ' ') {
     delay(dotDelay * 4);      // 单词之间的间隔
    }
  }
}

void flashSequence(char* sequence) {
```

```
    int i = 0;
    while (sequence[i] != NULL) {
        flashDotOrDash(sequence[i]);
        i++;
    }
    delay(dotDelay * 3);    // 字符之间的间隔
}

void flashDotOrDash(char dotOrDash) {
    digitalWrite(ledPin, HIGH);
    if (dotOrDash == '.') {
        delay(dotDelay);
    }
    else {
        // must be a dash
        delay(dotDelay * 3);
    }
    digitalWrite(ledPin, LOW);
    delay(dotDelay); // 闪烁之间的间隔
}
```

这个 sketch 程序包含一个 **loop** 函数，它会自动重复调用编写的 **flashSequence** 函数，**flashSequence** 函数会自行反复调用你编写的 **flashDotOrDash** 函数，而 **flashDotOrDash** 函数会调用 Arduino 提供的 **digitalWrite** 和 **delay** 函数！

你的 sketch 程序就应该这样。将要做的事分解成函数可以让代码运行起来更从容，并且能够让你在一段时间后，更容易回忆起其中的内容。

4.3.7　String 类

在 Arduino 中，实际上有两种处理文本字符串的方法。到目前为止，我们一直在使用 C 字符数组，还有一个 String 类(带大写 S 的 String)，如果你使用过任何一种现代编程语言，它看起来更像你所习惯的字符串。使用 String 类存在的问题是它通常会占用更多的内存，如果你只有 Arduino Uno 提供的 2k 字节内存，那么这很快就会成为一个问题。然而，当使用具有更多内存的设备时，String 类在执行诸如分割大字符串或将字符串连接在一起等操作时所提供的便利将能够简化你的代码。

第 10 章将非常广泛地使用 String 类。

4.4 本章小结

在本章中除了学习字符串和数组，还构建了一个更复杂的摩尔斯转换器，希望这些内容可以强化你对使用函数构建代码的重要性的认识。

在下一章中，你将了解输入和输出，这里指的是来自 Arduino 的模拟和数字信号的输入和输出。

第**5**章
输入和输出

Arduino 是关于物理计算的，这意味着需要将电子设备连接到 Arduino 开发板，所以了解如何使用连接引脚的各种选项很有必要。

输出可以是 0 V 或 5 V 的数字量，也可以将电压设置为 0～5 V 的模拟量。虽然这样做并不是那么简单，正如你将看到的，一些开发板使用的电压是 3 V 而不是 5 V。

类似地，输入可以是数字形式的(例如，确定按钮是否被按下)，也可以是模拟形式的(例如，来自光传感器的输入)。

在这本本质上是关于软件而不是硬件的图书中，我们将尽量避免过多地讨论有关电子元器件的知识。当然，如果能找到一台万用表和一根短的实心导线，将有助于理解本章的内容。

如果有兴趣了解更多关于电子产品的信息，那么可能会喜欢阅读笔者的另一本书 *Hacking Electronics*(TAB/McGraw-Hill，2018)。

5.1 数字输出

在前面的章节中，已经使用了连接到 Arduino 开发板上数字引脚 13 的 LED。例如，在第 4 章中，将它用作摩尔斯电码的信号发生器。Arduino 开发板上有一大堆数字引脚可用。

试验一下 Arduino 开发板上的其他引脚。使用数字引脚 4，然后看看发生了什么。需要连接一些导线到万用表，并将它们连接到 Arduino。图 5-1 展示了连接方法。如果万用表有鳄鱼夹，将一些短的实心导线末端的绝缘层剥下，用夹子固定住一端，并将另一端插入 Arduino 接口。如果万用表没有鳄鱼夹，请将其中一根裸露的电线末端缠绕在表笔周围，如图 5-1 所示。

图 5-1 使用万用表测量输出

万用表需要设置在 0～20 V 直流(Direct Current，DC)范围内。负极引线(黑色)应连接到地(GND)引脚，正极引线应连接到 D3 引脚。导线刚好连接到表笔，并插入 Arduino 开发板上的接口。

上传 sketch 05_01_digital_out：

```
//05_01_digital_out
const int outPin = 3;

void setup() {
  pinMode(outPin, OUTPUT);
  Serial.begin(9600);
  Serial.println("Enter 1 or 0");
}

void loop() {
  if (Serial.available() > 0) {
    char ch = Serial.read();
    if (ch == '1') {
      digitalWrite(outPin, HIGH);
    }
    else if (ch == '0') {
      digitalWrite(outPin, LOW);
```

```
    }
  }
}
```

在 sketch 程序的顶部，可以看到 **pinMode** 指令。应该对项目中使用的每个引脚都使用这个指令，以便 Arduino 可以将用来连接到电子器件的引脚配置为输入或输出，如下所示：

```
pinMode(outPin, OUTPUT);
```

你可能已经猜到 **pinMode** 是一个内置函数。它的第一个参数是引脚号(一个整数)；第二个参数是模式，必须是 **INPUT**、**INPUT_PULLUP** 或 **OUTPUT**。请注意，模式名称必须全部大写。

本例中的 **loop** 等待来自计算机上串口监视器的指令 **1** 或 **0**。如果是 **1**，引脚 3 将打开；否则，引脚 3 将被关闭。

上传 sketch 程序到 Arduino，然后打开串口监视器，如图 5-2 所示。

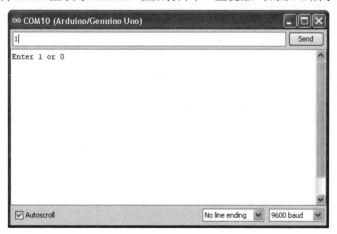

图 5-2　串口监视器

这样，当打开万用表并插入 Arduino 时，通过按 1 或按 0，然后按回车键，从串口监视器发送命令到开发板，应该可以看到万用表的读数在 0 V 和 5 V 之间变化。图 5-3 显示了从串口监视器发送 1 之后的万用表读数。

图 5-3   设置输出为高电平

如果没有足够的标有"D"的引脚供项目使用，也可以使用标有"A"(用于输入模拟量)的引脚作为数字输出。为此，只需要使用带有字母 A 的模拟引脚，如 A0。可以通过修改 sketch 05_01_digital_out 中的第一行代码来使用引脚 A0，并将万用表的正极笔线移到 Arduino 开发板上的 A0 引脚来尝试使用这种方法。Arduino Uno 的引脚输出电压是 5 V，但许多其他类型的 Arduino 使用 3 V 逻辑。这将提供 3.3 V 而不是 5 V 的输出电压。

以上就是数字输出的全部内容，接下来我们迅速转向数字输入的学习。

5 V 还是 3.3 V

尽管 Arduino Uno 使用 5 V 逻辑，但其他一些 Arduino 使用的是 3.3 V 而不是 5 V。大多数 Arduino 兼容板(如 Raspberry Pi Pico 和 ESP32 板)也使用 3.3 V，而非 5 V。

5.2   数字输入

数字输入最常见的用途是检测开关何时闭合。数字输入可以是开或关。如果输入电压小于 2.5 V(5 V 的一半)，则为 0(关闭)；如果大于 2.5 V，则为 1(开启)。

断开万用表，将 sketch 05_02_digital_input 上传到 Arduino 开发板：

```
//05_02_digital_input
const int inputPin = 5;
```

```
void setup() {
  pinMode(inputPin, INPUT);
  Serial.begin(9600);
}

void loop() {
  int reading = digitalRead(inputPin);
  Serial.println(reading);
  delay(1000);
}
```

和输出的使用方式一样，需要在 **setup** 函数中告诉 Arduino 将使用哪个引脚作为输入。可以使用 **digitalRead** 函数获得数字输入的值，这个函数将返回 0 或 1。

5.2.1　上拉电阻

Sketch 程序每秒读取一次输入引脚的值并将其写入串口监视器，因此上传 sketch 程序并打开串口监视器，应该可以看到每秒出现一个值。将导线的一端插入接口 D5，并将电线末端夹在手指之间，如图 5-4 所示。

图 5-4　人体天线的数字输入

继续捏几秒钟，然后查看串口监视器上显示的文本。你应该看到在串口监视器上出现了许多杂乱无章的 1 和 0。原因是 Arduino 开发板的输入接口非常敏感。你就像一根天线，造成了电气干扰。

把拿着的导线末端接到 5 V 的接口，如图 5-5 所示。串口监视器上显示的文本流应该变为 1。

图 5-5   将 5 号引脚接到+5 V 的接口

现在将接入+5V 电压的导线末端拔出，然后接到 Arduino 开发板上的 GND接口。如你所愿，串口监视器上现在显示 0。

输入引脚的典型用途是连接开关。图 5-6 展示了如何连接开关。

图 5-6   将开关连接到 Arduino 开发板

这里有个问题，如果开关没有闭合，那么输入引脚没有连接任何东西。也就是说，引脚正处于悬空状态，这样很容易得到一个错误值。需要让输入变得更具可预测性，而实现这一点的方法就是加上所谓的上拉电阻。你将在后面看到如何启用 Arduino 的内置串联电阻，从而避免使用单独的电阻。图 5-7 显示了上拉电阻的标准使用方法。如果开关打开，它具有将悬空的输入上拉到 5 V

的效果。当按下开关并断开触点时，开关将覆盖电阻的作用，强制将输入置 0。
这种做法带来的副作用是：当开关闭合时，5 V 电压将通过电阻，形成电流。
因此，电阻的值应选得足够低，使引脚免受任何电气干扰，但同时又要足够高，
以防止开关闭合时有过多的电流消耗。

图 5-7　带有上拉电阻的开关

5.2.2　内部上拉电阻

幸运的是，Arduino 开发板内置了可用软件配置的数字引脚上拉电阻。它
们默认是关闭的。因此，只需要将引脚模式从 **INPUT** 更改为 **INPUT_PULLUP**，
在 sketch 05_02_digital_input 程序中启用引脚 5 的上拉电阻。

Sketch 05_03_digital_input_pullup 是修改后的版本。把程序上传到 Arduino
开发板，再当一次人体天线，以便测试新的代码。你应该会发现这次在串口监
视器中，输入保持为 1。

```
//05_03_digital_input_pullup
const int inputPin = 5;

void setup() {
  pinMode(inputPin, INPUT_PULLUP);
  Serial.begin(9600);
```

```
}

void loop() {
  int reading = digitalRead(inputPin);
  Serial.println(reading);
  delay(1000);
}
```

5.2.3　防抖动

当按下按钮时，肯定希望输入值只从 1(带有一个上拉电阻)到 0 变化一次。图 5-8 展示了当按下按钮时会发生什么。按钮中的金属触点会抖动。所以按压一次按钮，将形成一系列最终趋于稳定的脉冲。

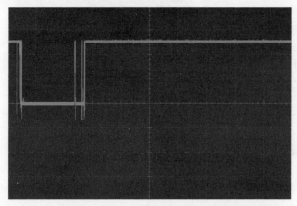

图 5-8　示波器追踪按下按钮时发生的情况

所有这一切发生得非常快。在示波器轨迹上，按钮按下的总时间跨度只有 200 毫秒。这是一种非常"劣质"的旧开关。全新触点的按压式按钮甚至可能不发生抖动。

有时候抖动并不碍事。例如，sketch 05_04_switch_led 在按下按钮时将点亮 LED。实际上，不会特意使用 Arduino 来做这些琐碎的小事，我们坚定地置身于理论领域而不是在这里进行实践。

```
//05_04_switch_led
const int inputPin = 5;
const int ledPin = 13;
```

```
void setup() {
  pinMode(ledPin, OUTPUT);
  pinMode(inputPin, INPUT_PULLUP);
}

void loop() {
  int switchOpen = digitalRead(inputPin);
  digitalWrite(ledPin, ! switchOpen);
}
```

查看 sketch 05_04_switch_led 的 **loop** 函数，该函数读取数字接口的输入并将输入值赋给变量 **switchOpen**。如果按钮被按下，它的值为 0；否则为 1(记住当按钮未被按下时，该引脚被拉至 1)。

当程序用 **digitalWrite** 打开或关闭 LED 时，需要反转 **switchOpen** 变量的值。可以使用 **!** 或 **not** 运算符。

如果上传这个 sketch 程序并在 D5 和 GND 之间连线(见图 5-9)，应该看到 LED 指示灯亮起。抖动可能会在此时发生，但发生得太快了以至于可能看不见，不过这没有关系。

图 5-9　将一根导线用作开关

有一种情况下的按钮抖动会在切换 LED 开启或关闭时造成影响。也就是说，如果按下按钮，LED 将亮起并保持；再次按下按钮时，LED 熄灭。如果拥有会抖动的按钮，那么 LED 是亮起还是关闭，取决于发生了奇数次还是偶数次抖动。

sketch 05_05_toggle 只是简单地切换 LED 状态而没有进行任何"防抖动"

尝试。用 D5 和 GND 引脚之间的开关(如果有的话，可以选择使用真正的开关)
试试看：

```
//05_05_toggle
const int inputPin = 5;
const int ledPin = 13;
int ledValue = LOW;

void setup() {
  pinMode(inputPin, INPUT_PULLUP);
  pinMode(ledPin, OUTPUT);
}

void loop() {
  if (digitalRead(inputPin) == LOW) {
    ledValue = ! ledValue;
    digitalWrite(ledPin, ledValue);
  }
}
```

你可能会发现，有时 LED 会切换状态，但有时看起来并没有切换。这就是
抖动的作用!

解决这个问题有一种简单方法，就是在检测到按钮第一次按下之后增加延
时，如 sketch 05_06_bounce_delay 所示：

```
//05_06_bounce_delay
const int inputPin = 5;
const int ledPin = 13;
int ledValue = LOW;

void setup() {
  pinMode(inputPin, INPUT_PULLUP);
  pinMode(ledPin, OUTPUT);
}

void loop() {
  if (digitalRead(inputPin) == LOW) {
    ledValue = ! ledValue;
    digitalWrite(ledPin, ledValue);
    delay(500);
  }
}
```

因为这里设置的延时，导致在 500 毫秒内没有其他操作可以进行，届时任何抖动都将平息。你会发现这使得按压更可靠。这带来的另一有趣作用是，如果按下按钮，LED 只是保持闪烁。

如果这就是 sketch 程序的全部内容，那么这个延时不是问题。但是，如果在 **loop** 中还要做其他的操作，那么使用延时可能会导致一些问题。例如，程序在 500 毫秒内将无法检测到任何其他按钮被按下。

所以，这种方法有时候不够好，需要更复杂一些的方法。你可以手动编写高级去抖动代码，但是这样做会变使代码更复杂。幸运的是，一些人已经为你做了所有工作。

要使用这些人的成果，必须在 Arduino 应用程序中添加一个库。为此，打开 Sketch | Include Library | Manage Libraries...菜单中的 Library Manager (见图 5-10)。然后在搜索字段中输入 Bounce2。这将使 Bounce2 库靠近结果的顶部显示。选择它，然后单击 Install 按钮。

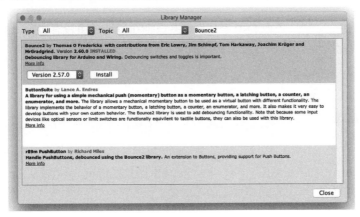

图 5-10　安装 Bounce 库

sketch 05_07_bounce_library 显示了如何使用 Bounce 库。请将其上传到 Arduino 开发板，查看 LED 切换的可靠性。

```
//05_07_bounce_library
#include <Bounce2.h>

const int inputPin = 5;
```

```
const int ledPin = 13;

int ledValue = LOW;
Bounce bouncer = Bounce();

void setup() {
  pinMode(inputPin, INPUT_PULLUP);
  pinMode(ledPin, OUTPUT);
  bouncer.attach(inputPin);
}

void loop() {
  if (bouncer.update() && bouncer.read() == LOW) {
   ledValue = ! ledValue;
   digitalWrite(ledPin, ledValue);
  }
}
```

使用库文件非常简单。首先会注意到下面这行代码:

```
#include <Bounce2.h>
```

该行代码告诉编译器使用 Bounce 库,这是必要的。

之后是如下代码行:

```
Bounce bouncer = Bounce();
```

目前不要担心这行代码的语法;它实际上是 C++语法而不是 C 语法,你会在第 7 章学习 C++语法。现在,只需要知道这里设置了一个受保护对象 **bouncer**。

setup 方法中新增的一行代码使用 **attach** 函数将 **bouncer** 链接到 **inputPin**。从现在开始,可以使用这个 **bouncer** 对象来检查开关正在做什么,而不是直接读取数字输入。它在你的输入引脚上放置了一种去抖动封装。所以,下面这行代码决定了按钮是否已被按下:

```
if (bouncer.update() && bouncer.read() == LOW)
```

如果 **bouncer** 函数发生了某些变化,那么 **update** 函数将返回 true,判断条件的第二部分检查按钮是否变为 **LOW**。

5.3　模拟输出

　　一些数字引脚(即数字引脚 3、5、6、9、10 和 11)可以提供可变的输出,而不仅仅是 5 V 或者什么也不提供。这些是 Arduirno 开发板上带有一或 "PWM" 旁注的引脚。PWM 代表脉宽调制(Pulse Width Modulation),指的是控制输出功率的方法。它是通过快速打开和关闭输出接口来实现的。其他类型的板可能有用于不同引脚的 PWM,有时会在所有引脚上都使用 PWM。

　　在 Arduino Uno 上,脉冲总是以相同的速率传送(除了引脚 5 和 6 是每秒 980 个脉冲,其他所有引脚每秒可以提供大约 500 个脉冲),但是脉冲的长度是可变的。如果使用 PWM 来控制 LED 的亮度,当脉冲太长时,LED 就会一直亮着;但如果脉冲很短,那么 LED 实际上只会在一小段时间内点亮。对于观察者来说,闪烁发生得太快,甚至不能告诉观察者 LED 曾发生过闪烁,而只是让 LED 看起来更亮或更暗。

　　在尝试使用 LED 之前,可以使用万用表进行测试。用万用表测量 GND 和引脚 D3 之间的电压(见图 5-11)。

图 5-11　测量模拟输出

　　现在将 sketch 05_08_analog_output 上传到 Arduino 开发板并打开串口监视器(见图 5-12)。输入 3,然后按回车键。你应该看到电压表读数约为 3 V。然后可以尝试 0 到 5 V 之间的任何其他电压。

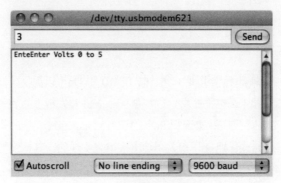

图5-12   设置模拟输出的电压

```
//05_08_analog_output
const int outputPin = 3;

void setup() {
  pinMode(outputPin, OUTPUT);
  Serial.begin(9600);
  Serial.println("Enter Volts 0 to 5");
}

void loop() {
  if (Serial.available() > 0) {
    float volts = Serial.parseFloat();
    int pwmValue = volts * 255.0 / 5.0;
    analogWrite(outputPin, pwmValue);
  }
}
```

程序通过将所需电压(0～5 V)乘以 255/5 来确定 0～255 的 PWM 输出值(读者可能希望参考维基百科来更全面地描述 PWM)。

可以使用函数 **analogWrite** 来设置输出的值，该函数要求输出值的范围为 0～255，其中 0 为关，255 为全功率。实际上，这是控制 LED 亮度的好方法。如果试图通过改变 LED 上的电压来控制亮度，就会发现电压值达到 2 V 左右才会发生一些变化，这样 LED 很快就会变得很亮。通过使用 PWM 控制亮度并改变 LED 点亮的平均时间，可以实现更加线性的亮度控制。

5.4 模拟输入

数字输入只是提供了将 Arduino 开发板特定引脚上的什么东西打开或关闭的响应。但是，模拟输入会根据模拟输入引脚的电压给出一个范围为 0～1023 的值。

程序使用 **analogRead** 函数读取模拟输入。sketch 05_09_analog_input 每半秒显示串口监视器上模拟引脚 A0 的读数和实际电压，所以可打开串口监视器，观察读数，如图 5-13 所示。

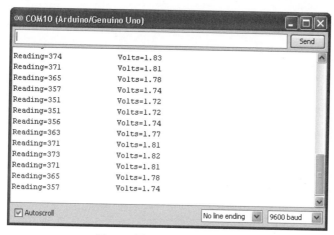

图 5-13 用 Arduino Uno 测量电压

```
//05_09_analog_input
const int analogPin = 0;

void setup() {
  Serial.begin(9600);
}

void loop() {
  int reading = analogRead(analogPin);
  float voltage = reading / 204.6;
  Serial.print("Reading=");
  Serial.print(reading);
```

```
Serial.print("\t\tVolts=");
Serial.println(voltage);
delay(500);
}
```

当运行这个 sketch 程序时，你会发现读数的变化很大。与数字输入一样，这是因为输入接口是悬空的。

将导线的一端插入 GND 接口，使引脚 A0 连接到 GND。现在读数应该保持在 0。移动接到 GND 接口的导线的末端，把它插到 5 V 接口中，应该得到一个大约为 1023 的读数，这是最大的读数。所以，如果将引脚 A0 连接到 Arduino 开发板上的 3.3 V 接口，那么 Arduino 电压表应该告诉你，电压约为 3.3 V。

值 204.6 是用 1023(最大模拟读数)除以 5(最大电压)的结果。使用 **Serial.print** 将信息发送到串口监视器，而不用换行，只有在使用 **Serial.println** 时才会换行。信息中的\t 表示制表位，以便进行数字排列。

基于 ESP32 的电路板增加了一种官方 Arduino 没有提供的额外模拟输入类型，即将引脚用作触摸传感器。**touchRead** 函数将引脚号作为参数并返回一个整数。如果你正在触摸引脚，或者接近引脚或连接到引脚的导电垫，则此数值将较低，否则值会更高。根据连接到引脚的部件，你可以选择一个阈值来决定是否按下了触摸按钮。

如果你使用的是具有 3 V 逻辑的 Arduino，则不必除以 204.6，而是除以 310(1023/3.3)来得到电压值。

5.5　本章小结

关于使信号进出 Arduino 的基本原理的内容，到此就介绍完毕。第 7 章将讲解 Arduino 提供的一些高级功能。

第**6**章

开 发 板

Arduino Uno 可能是学习 Arduino 时使用的最佳开发板。它最接近标准 Arduino。然而，当你开始真正开发项目时，在每个项目中嵌入 Arduino Uno 的成本会很高。此外，一些项目会有特殊要求，例如，需要非常紧凑或需要使用 WiFi 或蓝牙。对于这样的项目，可以使用许多其他 Arduino 兼容板。它们仍然可通过 Arduino IDE 进行编程，因此你所学到的编程知识仍然适用。

与这里列出的开发板相比，还可以选择使用更多的开发板，但这里介绍的开发板提供了相当有代表性的可用板类型样本。

6.1 Arduino Nano

Arduino Nano(见图 6-1)本质上是一个缩小到尽可能紧凑的 Arduino Uno。它使用与 Uno (ATmega328)相同的微控制器，但是 Uno 的针座插座已被排针引脚取代。

因为 Arduino Nano 与 Uno 非常相似，所以如果你需要开发小型项目，那么它是一个很好的选择。

在使用 Arduino Nano 编程时，需要在 Arduino IDE 的 Tools 菜单中选择板类型(见图 6-2)。

图 6-1   Arduino Nano 开发板

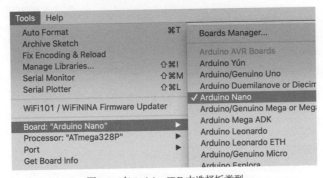

图 6-2   在 Arduino IDE 中选择板类型

　　官方出品的 Arduino 板价格昂贵。是的，它们是意大利制造的高质量产品，包装精美，但就微控制器板而言，它们的价格略显昂贵。Arduino 板采用开源设计，也就是说，用于创建它们的设计文件是公开的。这使得有些制造商能够生产 Nano 和其他 Arduino 版本的电路板，其成本只是官方电路板的一小部分。这些复制品在很多方面存在一定的缺陷。通常，这些电路板的边缘都有点粗糙，而且会使用延时为几秒钟的微控制器芯片，而 USB 接口芯片则被不同的(更便宜的)USB 接口芯片所取代。这意味着，在使用 Windows 时，通常必须安装这些芯片的驱动程序，这样 Arduino IDE 才能识别电路板。

6.2 Arduino Pro Mini

Arduino Uno 和 Pico 都有 USB 接口芯片，它们不仅可以为 Arduino 提供编程方法，还可以为 Arduino 提供一种通过 USB 向计算机传递数据的方法。许多 Arduino 项目不需要第二个功能，因此，对于这些项目，只有在编写 Arduino 程序时才真正需要使用 USB 接口。

Arduino Pro Mini (见图 6-3)类似于 Arduino Nano，但为了降低成本，USB 接口被串行接口取代，因此不需要使用昂贵的 USB 接口芯片。这使得 Pro Mini 比 Arduino Nano 便宜，但这也意味着你需要一个单独的 USB 来连接它的适配器。

图 6-3　Arduino Pro Mini 和 USB 转串行适配器

Pro Mini 有两种版本：5 V 和 3 V。5 V 版本更接近 Arduino Uno，其运行频率为 16 MHz，而 3 V 版本的时钟速度为 8 MHz。这是在电路板微控制器施加的工作电压和速度之间所做的平衡。为了在 16 MHz 下可靠地工作，微控制器需要 5 V 的电源。

与 Arduino Nano 一样，Pro Mini 的廉价仿制品也层出不穷。

6.3 Breadboard

本章中介绍的大多数板都具有与 Arduino Pro Mini 或 Nano 类似的引脚排列。也就是说，它们的纵横比又高又薄，每侧都有一排引脚。这些引脚相距 0.1 英寸，之所以这样设计，很大程度上是为了可以与无焊接面包板(通常称为面包板)一起使用。

图 6-4 显示了无焊接面包板上的 Arduino Nano，板上还带有发光二极管 (LED)和电阻。

图 6-4　面包板上的 Arduino Nano

无焊接面包板是制作项目原型的好方法，因为它可以让你轻松地将组件连接到电路板，而不必进行任何焊接。虽然可以使用跳线将面包板连接到 Arduino Uno，但由于 Uno 和面包板没有物理连接，因此它们很容易分离。

在面包板上的每排孔后面都有一个夹子，用来夹持穿过面包板的任何电线或组件支腿。

6.4　Boards Manager

重新安装 Arduino IDE 后，选择 Tools 菜单中的 Board 选项(见图 6-5)，会显示一长串开发板。这些只是官方提供的 Arduino 板，你可以在其中看到

Arduino Uno、Nano 和 Pro Mini。因此，当使用其中某个开发板时，你必须从
这个列表中选择它，然后才能将程序上传。

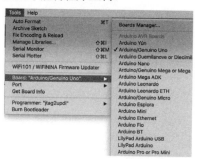

图 6-5　Arduino 官方板选项

　　在板列表的顶部是 Boards Manager 选项。它可以为 Arduino IDE 提供有关
其他各种开发板的信息。此外，它还允许任何人添加自己的板(需要大量工作)，
并通过 Arduino IDE 进行编程。Arduino IDE 的这一开放特性是其受欢迎的主要
原因之一，因为 Arduino 社区已经让所有类型的微控制器都可以访问主板。当
打开 Boards Manager 时，你将看到类似于图 6-6 所示的内容。

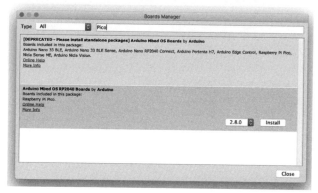

图 6-6　Boards Manager 界面

　　在搜索区域中输入开发板的名称，如果它是已知的，则会找到该板，并为
你提供安装选项；如果该板已经安装，则可以卸载它或更新版本。对开发板的
支持被称为内核。因此，在图 6-6 中，我输入了文本 Pico，希望找到对 Raspberry
Pi Pico 的支持，可以看到第二个选项已准备好供我安装。

正如你将在下一节中看到的，这个开发板列表并不详尽，可以向 Arduino
IDE 添加搜索路径，告诉它可以在其他地方寻找支持其他板的内核。

6.5   ESP32 开发板

ESP32 指的是一系列模块，包括具有 GPIO 引脚的功能强大的 32 位微控制
器以及 WiFi 和蓝牙无线硬件。这些模块成本低且内置在板中，为 Arduino Nano
提供了一个很好的选择，特别是当你需要在项目中使用 WiFi 或蓝牙时。有很
多开发板制造商使用 ESP32 模块，其中典型的是 ESP32 Wroom 和 Wemos
LOLIN32 Lite，如图 6-7 所示。所有这些开发板的工作电压都是 3V，而不是
Arduino Uno 所用的 5V。

图 6-7   典型的 ESP32 开发板

Boards Manager 已知的开发板列表中不包括这一特定的开发板。为了让
Boards Manager 找到它，必须在 Arduino IDE 的配置中添加一个网址。因此，
从菜单中打开 Arduino IDE Preferences 面板(见图 6-8)，并将链接[1]所示的 URL
粘贴到 Additional Boards Manager URL 字段中。

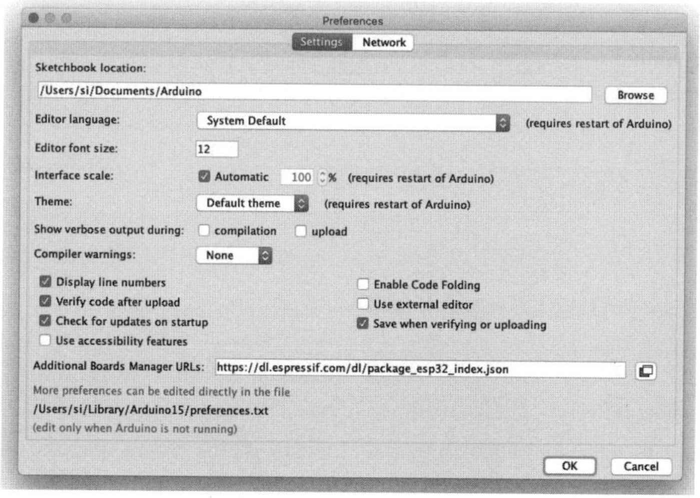

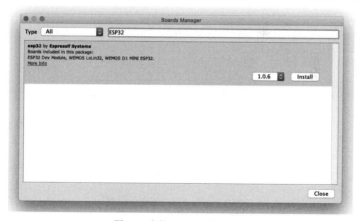

图 6-8　向 Preferences 面板添加 URL

现在，打开 Boards Manager 并在搜索字段中输入 ESP32，如图 6-9 所示。

图 6-9　安装 ESP32 开发板内核

ESP32 内核安装完成后(这可能需要一段时间)，你应该会在 Boards 菜单中找到更多有关上传程序的选项。

将程序转移到 Arduino Uno 确实很快，尽管 sketch 程序越大，上传速度就越慢。相比之下，为基于 ESP32 的开发板上传程序则需要花费更长的时间。如果其中某个板上传失败，请尝试降低 Tools 菜单中的"Upload speed"的值。

ESP32 的前身是 ESP8266。这两个模块非常类似，但功能差别较大。但是，考虑到成本开销，你不妨使用较新的 ESP32。一些制造商甚至在他们的 ESP32 开发板上包含了显示器和其他外设，如远程无线电和 OLED 显示器。

在第 10 章使用带有 WiFi 的 ESP32 板时，你将再次学习它。

6.6 Raspberry Pi Pico

Raspberry Pi Pico(见图 6-10)不应与普通的 Raspberry Pi (单板计算机)混淆。Raspberry Pi Pico 是一个面包板友好格式的微控制器板。尽管 Pico 的制造商打算主要使用 Python 编程语言对其进行编程，但 Arduino 组织已将微控制器芯片(RP2040)放入官方 Arduino 开发板中。因此，你可以在项目中使用官方 Arduino 板或更便宜的 Raspberry Pi Pico。这意味着 Arduino IDE 还通过官方内核来支持 Pico。然而，在撰写本文时，Earle Philhower 开发的一个非官方内核支持更多 Pico 类型的电路板，并且运行良好。

图 6-10   Raspberry Pi Pico

Pico 不像基于 ESP32 的设备那样具有任何额外的硬件功能，但它的成本非常低，并且具有与 ESP32 类似的强大处理器。因此，如果你想使用 ESP32 的功率，但不需要 WiFi 和蓝牙，那么 Pico 就是一个不错的 Arduino 开发板。

在Arduino IDE中安装Pico板的非官方内核与安装ESP32内核的过程类似。首先必须打开"Preferences"面板，然后将链接[2]所示的 URL 添加到"Additional Boards Manager URL"字段中。

你可以通过链接[3]提供的项目页面复制这个 URL。如果在 Preferences 字段中已经有 URL(如 ESP32 URL)，请单击该字段后面的图标，在多行编辑窗口中打开该字段，然后可以将 URL 添加到单独的行中。

打开 Boards Manager 并搜索 Pico，这将出现官方的 Arduino Pico 内核以及你想要的来自 Earle Philhower 的内核。

无论出于什么原因，Pico 的设计者决定在电路板的底部写上引脚编号。如果你使用的是面包板，那么这不是很方便。有一种方法可以使识别引脚更加容易，那就是使用 Pico 的 MonkMakes Breadboard(详见链接[4])。这是一个普通的面包板，但上面写有 Pico 引脚名称。

6.7 BBC micro:bit

BBC micro:bit(见图 6-11)是一个非常有趣的开发板，作为讲授编程和电子学的教学工具，它非常受欢迎。该板与你迄今为止看到的板的区别在于，micro:bit 在板上附带了一些外围设备：

- 5×5 LED 显示屏
- 一个小型扬声器(来自 micro:bit 版本 2)
- 麦克风(来自 micro:bit 版本 2)
- 加速计(用于检测运动)
- 磁力计

通过一个巧妙的技巧，它可以使用 LED 来测量光照水平，还可以报告处理器芯片的温度。

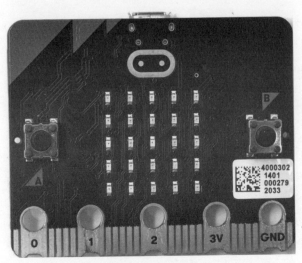

图 6-11　BBC micro:bit

虽然 micro:bit 最常使用基于 Makecode 块的编程环境进行编程，但它是另一种类似 Pico 的开发板，你可以通过 Arduino IDE 对其进行编程。为此，需要在搜索 micro:bit 并安装 Sandeep Mistry 的 Nordic Semiconductor nRF5 Boards 内核之前，将链接[5]所示的 URL 添加到 Preferences 中的 Additional Boards Manager URL 字段。

要充分利用 micro.bit 的所有外设，必须下载其他 Arduino 库。你可以通过链接[6]了解更多的相关信息。

6.8　Adafruit Feather 系统

Adafruit 已正式形成了一种称为羽毛的开发板风格(见图 6-12)。这些电路板的尺寸相同，基本引脚也相同，可用于多种微控制器变体，包括 RP2040(Raspberry Pi Pico)、ESP32 等。在许多方面，它可以与原始 Arduino 的生态系统相媲美，特别是因为它包含了与 Arduino Shields 理念相同的 Feather Wings，以插件的方式向电路板添加了额外的硬件功能。

你可以通过链接[7]了解更多关于 Feather 系统的信息。

图 6-12 Adafruit Feather RP2040

6.9 本章小结

开发板种类繁多，只推荐几个板有些不公平。不过，表 6-1 应该为你选择所需的板指明了正确的方向，至少对于我在这里所描述的板是这样。

表 6-1 开发板概要

开发板	功　能
Arduino Uno	容易上手。标准的 Arduino
Arduino Nano	Uno 的紧凑版本，适合在面包板上使用
Arduino Pro Mini	这是一款没有 USB 接口的低成本 Nano。非常适合嵌入最终项目中
ESP32 board	WiFi、蓝牙、快速处理器、面包板格式，成本低到足以嵌入项目中。编程速度慢
Raspberry Pi Pico	低成本且功能强大的处理器
BBC micro:bit	附带了很多内置的外设

第7章

高级 Arduino

本章将研究 Arduino 的一些尚未发现的高级功能，并更深入地了解 Arduino 函数和数据类型的标准库。你已经了解了其中的一些内置函数，如 **pinMode**、**digitalWrite** 和 **analogWrite**，但实际上，还有更多函数。有些函数可以用来进行数学运算、编写随机数、操纵位、检测输入引脚上的脉冲以及使用中断等。

Arduino 语言基于一个名为 Wiring 的早期库，它补充了另一个名为 Processing 的库。Processing 库与 Wiring 库非常相似，但是它基于 Java 语言而不是 C 语言，并在计算机上通过 USB 线连接到 Arduino。实际上，在计算机上运行的 Arduino IDE 应用程序都基于 Processing 库。如果想要在计算机上编写一些漂亮的界面来与 Arduino 进行交互，那么请查看 Processing 库(详见链接[1])。

7.1 随机数

抛去个人使用计算机的经验，计算机的行为实际上是可预测的。偶尔有意识地让 Arduino 变得不可预测会很有用。例如，你可能希望使机器人在房间周围采取"随机"的路径，朝一个方向随机前进一段时间，转过一个随机的角度后再次出发。或者，你可能正在考虑制作一个基于 Arduino 的骰子，让它产生一个 1~6 的随机数。

Arduino 标准库提供了一个函数来实现这一点。这个函数名为 **random**。**random** 函数返回一个 **int** 值，它可以有一个或两个参数。如果只有一个参数，那么它将返回一个介于零和该参数减 1 之间的随机数。

双参数版本在第一个参数(含)和第二个参数减 1 之间产生一个随机数。因此，**random**(1，10)会产生 1～9 的随机数。

sketch 07_01_random 将 1～6 的随机数从串口监视器输出。

```
//sketch 07_01_random

void setup() {
  Serial.begin(9600);
}

void loop() {
  int number = random(1, 7);
  Serial.println(number);
  delay(500);
}
```

如果把这个 sketch 程序上传到 Arduino 并打开串口监视器，就会看到如图 7-1 所示的内容。

图 7-1   随机数

如果多运行几次，可能会惊讶地看到，每次运行 Arduino 程序时，都会得到相同的"随机"数序列。

这个函数的输出并不是真的随机，这些数字被称为伪随机数，因为它们具有随机分布。也就是说，如果运行这个 sketch 程序并且收集了 100 万个数字，那么会得到几乎相同数量的数字。这些数字从不可预测的意义上来讲并不是随机的。事实上，如果没有来自现实世界的干预，微控制器是不可能做到随机工作的。

可以提供这种干预，通过加入随机数发生器来使数字序列更难以预测。随机数发生器基本上只是给出了序列的起点。但仔细想一想，就会意识到不能随意使用 **random** 来设置随机数发生器。一个常用的技巧是使用如下事实(如第 6 章所述)：模拟输入总是在不断浮动。因此，可以使用从模拟输入读取的值来设置随机数字发生器。

这个功能被称为 **randomSeed**。sketch 07_02_random_seed 显示了如何给随机数生成器添加更多的随机性。

```
//sketch 07_02_random_seed

void setup() {
  Serial.begin(9600);
  randomSeed(analogRead(0));
}

void loop() {
  int number = random(1, 7);
  Serial.println(number);
  delay(500);
}
```

尝试按几次 Reset 按钮，现在应该会看到随机序列每次都是不同的。

这种类型的随机数生成器不能用于任何碰运气的事情。想要得到更好的随机数生成器，需要使用硬件随机数生成器，它们有时基于随机事件，如宇宙射线事件。

7.2 数学函数

在极少数情况下，需要在 Arduino 开发板上进行大量的数学运算，而不是简单的位运算。但如果有需要，可以使用包含大量数学函数的库。表 7-1 总结了其中最有用的几个函数。

表7-1　常用的数学函数

函数名	描　述	示　例
abs	返回其参数的无符号值	abs(12)返回 12，abs(-12)也返回 12
constrain	限制一个数字以阻止它超出范围。第一个参数是被限制的数字，第二个参数是范围区间的开始，第三个参数是允许的数字范围区间的结尾	constrain(8,1,10)返回 8 constrain (11, 1, 10)返回 10 constrain(0, 1, 10)返回 1
map	将一个范围内的数字映射到另一个范围。第一个参数是要映射的数字，第二个和第三个参数是 from 范围(或起始范围)，最后两个参数是 to 范围(或目标范围)。该函数对重新映射模拟量输入值非常有用	map(x, 0, 1023, 0, 5000)
max	返回两个数中较大的数	max(10, 11)返回 11
min	返回两个数中较小的数	min(10, 11)返回 10
pow	返回第一个参数的第二个参数次幂	pow(2, 5)返回 32
sqrt	返回参数值的算数平方根	sqrt(16)返回 4
sin、cos 和 tan	执行三角函数运算，这些函数不常用	无
log	计算对数，例如，计算热敏电阻的温度	无

7.3　位操作

　　bit(位)是二进制信息的单个数字，即 0 或 1，是二进制数字(binary digit)的英文缩写。大多数情况下，使用的 **int** 变量实际包含 16 个位。如果只需要存储简单的真/假值(1 或 0)，这有点浪费。实际上，除非内存不足，否则与创建难以理解的代码相比，浪费根本不是问题，但有时能够紧凑地打包数据是有用的。

　　int 中的每一位都可以被认为是一个十进制值，可以通过将所有位的值相加来得到 **int** 的十进制值。所以在图 7-2 中，**int** 的值是 38。事实上，处理负数更加复杂，但这种情况只有当最左边的位变成 1 时才会发生。

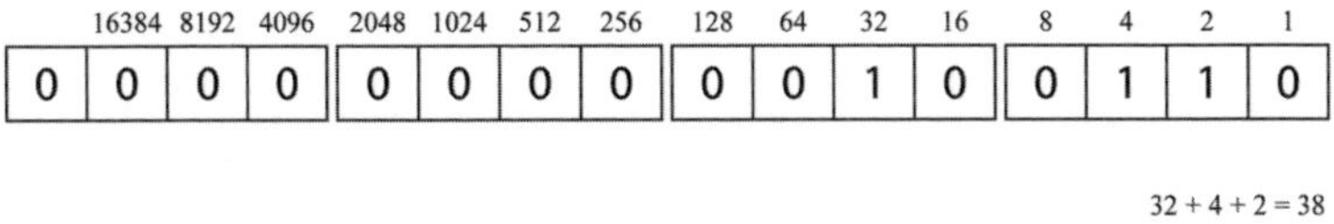

16384	8192	4096	2048	1024	512	256	128	64	32	16	8	4	2	1
0	0	0	0	0	0	0	0	0	1	0	0	1	1	0

32 + 4 + 2 = 38

图 7-2 **int** 型数据

当考虑单个位时,十进制值并不适用。很难直观地看到哪些位被设置为十进制数字(如 123)。因此,程序员经常使用被称为十六进制的方法,或者更常见的是,只使用十六进制。十六进制的基数为 16。因此,不只有数字 0~9,还有 6 个额外的数字——A 到 F。这意味着每个十六进制数字可以表示四个位。表 7-2 显示了十进制、十六进制和二进制与数字 0~15 的关系。

表 7-2 十进制、十六进制和二进制

十进制	十六进制	二进制(四位数字)
0	0	0000
1	1	0001
2	2	0010
3	3	0011
4	4	0100
5	5	0101
6	6	0110
7	7	0111
8	8	1000
9	9	1001
10	A	1010
11	B	1011
12	C	1100
13	D	1101
14	E	1110
15	F	1111

所以,在十六进制中,任何 **int** 值都可以用四位的十六进制数字表示。因此,二进制数字 10001100 在十六进制中为 8C。C 语言具有使用十六进制数字的特殊语法。可以给一个 **int** 值分配一个十六进制值,如下所示:

```
int x = 0x8C;
```

除了使用十六进制符号表示数字，还可以直接使用前缀"0b"表示二进制数。例如，在十六进制示例 0x8C 中使用的二进制数可以直接写成二进制：

```
0b10001100
```

Arduino 标准库提供了一些函数，让你可以单独处理 **int** 中的 16 个位。函数 **bitRead** 返回 **int** 中特定位的值。因此，下面的示例将值 0 分配给名为 **bit** 的变量：

```
int x = 0b10001100;
int bit = bitRead(x, 0);
```

在第二个参数中，位的位置从 0 开始并上升到 15，从最低有效位开始。所以最右边的位是位 0，下一位是位 1，依此类推。

如你所料，**bitRead** 的对应函数是 **bitWrite**，它有三个参数。第一个参数是要操作的数字，第二个参数是位的位置，第三个参数是位的值。以下示例将 **int** 值从 2 更改为 3(十进制或十六进制)：

```
int x = 0b10;
bitWrite(x, 0, 1);
```

7.4　高级 I/O

在执行各种输入/输出任务时，可以使用一些有用的小函数来使工作更轻松。

7.4.1　生成音调

tone 函数允许在其中一个数字输出引脚上产生方波信号(见图 7-3)，这样做的最常见原因是使扬声器或蜂鸣器发出声音。

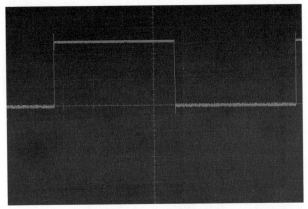

图7-3 一个方波信号

该函数可以带有两个或三个参数。第一个参数始终是要生成单音的引脚号，第二个参数是以赫兹(Hz)为单位的单音频率，可选的最后一个参数是单音的持续时间。如果没有指定持续时间，那么音调将无限期地持续播放，如 sketch 07_03_tone 所示。这就是要把 **tone** 函数调用放在 **setup** 而不是 **loop** 函数中的原因。

```
//sketch 07_03_tone

void setup() {
  tone(4, 500);
}

void loop() {}
```

要停止正在播放的音调，可以使用 **noTone** 函数。这个函数只有一个参数，就是播放音调的引脚号。

7.4.2 移位寄存器

有时 Arduino Uno 只是没有足够的引脚。例如，当驱动大量的 LED 时，常用的技术是使用移位寄存器芯片。这种芯片每次读取一位数据，然后当有足够的引脚时，将所有这些位锁存到一组输出中(每个寄存器一位)。

为了帮助你使用这种技术，可以借助一个方便的函数，名为 **shiftOut**。这

个函数有四个参数:

- 要发送的位的引脚号。
- 用作时钟引脚的引脚号。每发送一个位时都会触发。
- 一个标志,用于确定这些位是从最低有效位还是最高有效位开始发送。该参数的值应该是常数 MSBFIRST 或 LSBFIRST 之一。
- 要发送数据的字节数。

7.4.3　中断

阻碍程序员习惯于"大规模编程"的因素之一就是 Arduino 一次只能做一件事。如果喜欢在程序中同时运行很多线程,那么只能靠运气了。尽管一些人已经开发出能够以这种方式执行多个线程的项目,但对于 Arduino 的常用场合来说,这种功能是不必要的。在 Arduino 上最接近多线程操作方式的是使用中断。

Arduino Uno 上的两个引脚(D2 和 D3)可以连接到中断源。也就是说,将这些引脚当作输入,如果引脚以特定的方式接收信号,Arduino 的处理器将暂停正在执行的任何操作,并运行该中断对应的函数。

sketch 07_04_interrupt 使 LED 闪烁,但接收到中断后将更改闪烁周期。通过连接引脚 D2 和 GND 之间的导线并使用内部上拉电阻,可以确保其在大部分时间内保持高电平以模拟中断。

```
//sketch 07_04_interrupt
const int interruptPin = 2;
const int ledPin = 13;
int period = 500;
void setup() {
  pinMode(ledPin, OUTPUT);
  pinMode(interruptPin, INPUT_PULLUP);
  attachInterrupt(digitalPinToInterrupt(pin), goFast,
  FALLING);
}

void loop() {
  digitalWrite(ledPin, HIGH);
  delay(period);
```

```
  digitalWrite(ledPin, LOW);
  delay(period);
}

void goFast() {
  period = 100;
}
```

以下是本 sketch 程序中 **setup** 函数的关键部分：

```
attachInterrupt(digitalPinToInterrupt(pin), goFast, FALLING);
```

第一个参数指定要使用哪个中断。其中相当容易混淆的是，它不仅仅是引脚名称，为了找到中断号，还使用了 **digitalPinToInterrupt** 函数。

虽然 Arduino Uno 只允许在两个引脚上中断，但其他一些开发板允许在任何引脚上中断。

第二个参数是中断时要调用的函数的名称，最后一个参数是常量 **CHANGE**、**RISING** 或 **FALLING**。图 7-4 总结了这些选项。

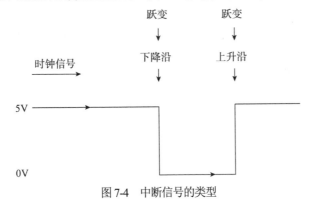

图 7-4 中断信号的类型

如果中断模式为 **CHANGE**，那么 **RISING** 中从 0 到 1 的上升沿或 **FALLING** 中从 1 到 0 的下降沿都会触发中断。

可以使用 **noInterrupts** 函数来禁止中断。这将停止来自两个中断通道的所有中断。可以通过再次调用函数 **interrupts** 来重新使用中断。

不同的 Arduino 开发板对不同的引脚有不同的中断名称，所以如果你使用的不是 Arduino Uno，请通过链接[2]查看你的开发板文档。

7.4.4　编译时常量

有时，在编写可能用于不同类型电路板的 sketch 程序时，sketch 程序本身可以了解其运行环境。例如，如果处理器的时钟速度低于某个阈值，则可能需要禁用 sketch 程序的某些功能，因为它们无法正常运行。知道 sketch 程序何时(日期和时间)闪现到开发板上可能也很方便。这可以使用一些特殊的常量来实现。表 7-3 概述了这些情况。

表 7-3　一些编译时常量及其概述

编译时常量	概　述
F_CPU	电路板的 CPU 频率，以 MHz 为单位(Arduino Uno 为 16)
ARDUINO	用于将 sketch 程序编写到电路板上的 Arduino IDE 版本
__DATE__	sketch 程序在 Arduino 上闪现的日期
__TIME__	sketch 程序在 Arduino 上闪现的时间

sketch_07_05_compile_consts 说明了这些常量的用法。如果你在打开了串口监视器的 Arduino 上运行该 sketch 程序，应该会看到如图 7-5 所示的内容。

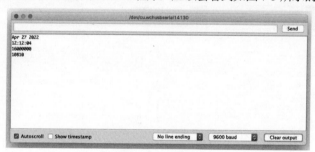

图 7-5　编译时常量

```
//sketch 07_05 compile_consts
void setup() {
  Serial.begin(9600);
  Serial.println(__DATE__);
  Serial.println(__TIME__);
  Serial.println(F_CPU);
  Serial.println(ARDUINO);
}

void loop() {}
```

7.4.5　Arduino Web 编辑器

　　Arduino Web IDE 是基于浏览器的 Arduino IDE 版本(见图 7-6)。它具有与常规 IDE 相同的大部分功能，并且支持将 sketch 程序安全地存储在云中。它还集成了 Arduino 文档，如果支付少量订阅费用，还可以通过 Internet 将其部署到某些支持 WiFi 的开发板中。有一个免费的版本可以尝试，但是你必须通过链接[3]注册一个账户，并且在计算机上安装 Arduino Agent 软件，这样就可以通过 USB 端口在浏览器上编写自己的 Arduino 程序。

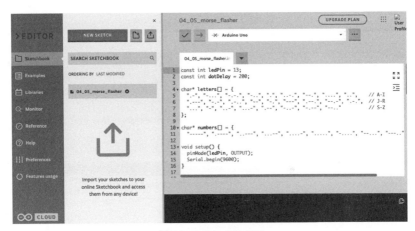

图 7-6　Arduino Web IDE

7.5　本章小结

　　本章介绍了 Arduino 标准库提供的一些便利功能。这些功能将有助于你提高编程效率。如果要问是否有优秀程序员都喜欢的事情，那应该就是可以重用其他人完成的高质量代码。

　　第 8 章将扩展在第 4 章学到的关于数据结构的知识，并介绍如何在电源关闭后保存 Arduino 开发板上的数据。

第**8**章
数据存储

当为变量赋值时，只要电源处于打开状态，Arduino 开发板就会记住这些值。关闭电源或重置 Arduino 开发板时，所有数据都将丢失。

在本章中，将介绍一些保存这些数据的方法，例如，将变量存储在闪存中，或存储在某些 Arduino 板上的电可擦可编程只读存储器(Electrically Erasable Programmable Read-Only Memory，EEPROM)中。

8.1 大型数据结构

许多最新的 Arduino 兼容板(如 ESP32 和 Pico 板)可以提供足够大的内存空间。然而，在像 Uno 和 Pro Mini 这样的开发板上，很容易耗尽存储空间。

如果要存储的数据不会改变，那么可以在每次 Arduino 启动时设置数据。这种方法的一个例子就是第 4 章(sketch 04_05_morse_flasher)摩尔斯电码转换器中的字母数组。

使用以下代码定义大小正确的变量并为它们填入所需的数据：

```
char* letters[] = {
  ".-", "-...", "-.-.", "-..", ".",
    "..-.", "--.", "....", "..",    // A-I
  ".---", "-.-", ".-..", "--", "-.",
    "---", ".--.", "--.-", ".-.", // J-R
  "...", "-", "..-", "...-", ".--",
    "-..-", "-.--", "--.." // S-Z
};
```

你可能会记得做了这个运算,并判断有 2 KB 空余内存(在 Arduino Uno 上)。但如果你使用的是 Uno,则内存有点紧张。可以将这些数据存储在用于存储程序的 32 KB 闪存中,而不是 2 KB 的 RAM 中,这样做会更合适。可以通过一条名为 **PROGMEM** 的指令实现这一点,该指令在一个库中,使用起来有些别扭。

8.2　将数据存储在闪存中

本节仅适用于使用了 Arduino 的某个"AVR"版本,如 Uno、Nano、Mico、Pro Mini 或 Leaonado。基于较新处理器的 Arduino 和 Arduino 兼容板有足够的内存用于存储,事实上,这里描述的方法在某些开发板上并不适用。

要将数据存储在闪存中,必须包含 **PROGMEM** 库,如下所示:

```
#include <avr/pgmspace.h>
```

这个命令旨在告诉编译器,对这个 sketch 程序使用 **PGMSPACE** 库。库是由其他人编写的一组函数,本例中,你可以在 sketch 程序中使用它,而不必了解这些函数的工作原理。

由于正在使用此库,因此可以使用 **PROGMEM** 关键字和 **pgm_read_word** 函数。你将在接下来的 sketch 程序中使用它们。

这个库是 Arduino 软件的一部分,是一个官方支持的 Arduino 库。类似这样的可用的官方库有很多,当然也包括许多由开发者为别人开发的非官方库,这些库都可以从互联网上获得。这些非官方的库必须安装到 Arduino 环境中。

使用 **PROGMEM** 时,必须确保使用特殊的 **PROGMEM** 友好型数据。遗憾的是,其中不包括可变长度 **char** 数组的数组。但是,如果 **char** 数组的大小是固定的,那么可以访问 **char** 数组。完整的程序与第 4 章中的程序 sketch 04_05_morse_flasher 非常相似。可以在 IDE 中打开程序 sketch 08_01_progmem,同时我也将高亮显示两者的区别。

有一个名为 **maxLen** 的新常量,其中包含单个字符的点和短画线的最大长度,并在最后加上了空字符。

包含这些字符的结构现在看起来如下所示：

```
PROGMEM const char letters[26][maxLen] = {
  ".-", "-...", "-.-.", "-..", ".", "..-.", "--.", "....", "..",    // A-I
  ".---", "-.-", ".-..", "--", "-.", "---", ".--.", "--.-", ".-.",   // J-R
  "...", "-", "..-", "...-", ".--", "-..-", "-.--", "--.."           // S-Z
};
```

用 **PROGMEM** 关键字标明的数据结构将被存储在闪存中。此方法只能被用于存储类似的常量。一旦被存储到闪存中，数据结构就不能改变，因此使用了 **const**。数组的大小也必须由 26 个字母和点与短画线组合的 **maxLen**(减 1)完全指定。

loop 函数也和 sketch 04_05_morse_flasher 中的有一点点区别。

```
void loop() {
  char ch;
  char sequence[maxLen];
  if (Serial.available() > 0) {
    ch = Serial.read();
    if (ch >= 'a' && ch <= 'z') {
      memcpy_P(&sequence, letters[ch - 'a'], maxLen);
      flashSequence(sequence);
    }
    else if (ch >= 'A' && ch <= 'Z') {
      memcpy_P(&sequence, letters[ch - 'A'], maxLen);
      flashSequence(sequence);
    }
    else if (ch >= '0' && ch <= '9') {
      memcpy_P(&sequence, numbers[ch - '0'], maxLen);
      flashSequence(sequence);
    }
    else if (ch == ' ') {
      delay(dotDelay * 4);  // gap between words
    }
  }
}
```

这里的数据看起来可能像字符串数组，但实际上在内部它是被存储在闪存中，只能通过使用特殊函数 **memcp_P** 来访问。该函数将闪存数据复制到被初始化为 **maxSize** 字符长度的名为 **sequence** 的 **char** 数组中。

sequence 前的&字符允许 **memcpy_P** 函数修改序列字符数组内的数据。

在此没有列出 sketch 08_01_progmem，因为它有点冗长，但你可能希望加载它，并验证它的工作方式与基于 RAM 的版本相同。

除了以特殊方式创建数据，还必须以特殊方式读取数据。从数组中获取摩尔斯字符的代码字符串必须被修改为如下所示：

```
strcpy_P(buffer, (char*)pgm_read_word(&(letters[ch - 'a'])));
```

这里使用了 **buffer** 变量，**PROGMEM** 字符串被复制到这个变量中，以便可用作常规的 **char** 数组。该变量需要被定义成如下所示的全局变量：

```
char buffer[6];
```

这种方法只有在数据不变的情况下才有效——也就是说，在 sketch 程序运行时，不能对其进行更改。在下一节中，将学习如何使用用于存储可更改的持久数据的 EEPROM 存储器。

如果有一些单独的字符串，可能被格式化为在串口监视器上显示的信息，那么 Arduino C 提供了一种方便快捷的方式。可以将字符串放在 F()中，如下所示：

```
Serial.println(F("Hello World"));
```

字符串将被存储到闪存而不是 RAM 中。

8.3   EEPROM

EEPROM 是一种存储器，即使断电，其中存储的数据也不会丢失。

作为 Arduino Uno 核心的 ATMega328 包含一个 EEPROM。EEPROM 被设计用来长时间保存内部数据。与名称不同，EEPROM 不是真正的只读，可以向其中写入信息。

用于读写 EEPROM 的官方 Arduino 命令与使用 **PROGMEM** 的命令一样，不是很方便。对于 EEPROM 必须一次读写一字节。

示例 sketch 08-02_eeprom_byte 允许从串口监视器输入范围在 0～255 的一位数字。然后 sketch 程序会记住这个数字并反复将它输出到串口监视器上。

```
//sketch 08_02_eeprom_byte
#include <EEPROM.h>

int addr = 0;
byte b;

void setup() {
  Serial.begin(9600);
  b = EEPROM.read(addr);
}

void loop() {
  if (Serial.available() > 0) {
    int i = Serial.parseInt();
    if (i <= 255) {
      b = lowByte(i);
      EEPROM.write(addr, b);
      Serial.println("saved byte");
    }
    else {
      Serial.println("number too big");
    }
  }
  Serial.println(b);
  delay(1000);
}
```

下面尝试运行这个 sketch 程序，打开串口监视器并输入一个 0～255 的数字。然后拔出 Arduino 并重新插入。当重新打开串口监视器时，将看到该数字已被记住。

函数 **EEPROM.write** 有两个参数。第一个参数是地址，它是 EEPROM 中的存储位置，应该在 0 和 1023 之间。第二个参数是要在该位置写入的数据，必须是单字节。

8.3.1　在 EEPROM 中存储整数

int 类型需要两字节的存储空间。要在 EEPROM 的地址 0 和 1 中存储两字节的整数，可以使用如下方法：

```
int x = 1234;
EEPROM.write(0, highByte(x));
EEPROM.write(1, lowByte(x));
```

函数 **highByte** 和 **lowByte** 对于将整数分隔成两字节很有用。图 8-1 显示了如何将这个整数实际存储到 EEPROM 中。

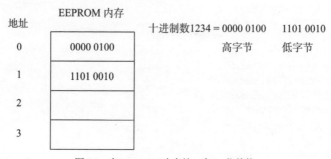

图 8-1　在 EEPROM 中存储一个 16 位整数

要从 EEPROM 中读取整数，需要从 EEPROM 中读取两字节并重构这个整数，如下所示：

```
byte high = EEPROM.read(0);
byte low = EEPROM.read(1);
int x = (high << 8) + low;
```

<<运算符是一个移位运算符，它将八个高位字节移到 **int** 的顶部，然后添加低位字节。

你可以在 sketch 08_03_eeprom_int 中找到此 sketch 示例程序。它的用法与字节类似，但允许输入–32768～32767 范围内的整数。

```
//sketch 08_03_eeprom_int
#include <EEPROM.h>
```

```
int i;

void setup() {
  Serial.begin(9600);
  i = readEEPROMint(0);
}

void writeEEPROMint(int addr, int x) {
  EEPROM.write(addr, highByte(x));
  EEPROM.write(addr + 1, lowByte(x));
}

int readEEPROMint(int addr) {
  int high = EEPROM.read(addr);
  int low = EEPROM.read(addr + 1);
  return (high << 8) + low;
}

void loop() {
  if (Serial.available() > 0) {
    i = Serial.parseInt();
    writeEEPROMint(0, i);
    Serial.println("saved int");
  }
  Serial.println(i);
  delay(1000);
}
```

8.3.2　将任何内容写入 EEPROM

有一种简洁的方法可以保存和读取 EEPROM 中的任何变量。该方法使用一种称为泛型的 C++技术来创建一对通用函数，可以将不同类型的数据保存并读入到 EEPROM。

要使用此方法，只需要在代码中包含两个函数。例如，sketch 08_04_eeprom_long 保存了一个长整型值(4 字节)。

```
//sketch 08_04_eeprom_long
#include <EEPROM.h>

long x = 12345678;
```

```
long y = 0;

void setup() {
  Serial.begin(9600);
  EEPROM_writeAnything(0, x);
  Serial.print("wrote x: ");
  Serial.println(x);
  int n = EEPROM_readAnything(0, y);
  Serial.print("read y: ");
  Serial.println(y);
  Serial.println(n);
}

void loop() {}

template <class T> int EEPROM_writeAnything(int ee,
  const T& value) {
  const byte* p = (const byte*)(const void*)&value;
  int i;
  for (i = 0; i < sizeof(value); i++) {
    EEPROM.write(ee++, *p++);
  }
  return i;
}

template <class T> int EEPROM_readAnything(int ee,
  T& value) {
    byte* p = (byte*)(void*)&value;
    int i;
    for (i = 0; i < sizeof(value); i++) {
      *p++ = EEPROM.read(ee++);
    }
    return i;
}
```

函数 **EEPROM_writeAnything** 和 **EEPROM_readAnything** 都返回以字节为单位保存的数据的大小。当打开串行控制台时，你将看到如下输出：

```
wrote x: 12345678
read y: 12345678
4
```

保存长整型变量 **x** 并将其结果读回变量 **y**。输出中的 4 表示使用了 4 字节。

8.3.3 在 EEPROM 中存储浮点数

使用 **EEPROM_writeAnything** 函数将浮点数存储到 EEPROM 中与存储整数类似，如 sketch 08_05_eeprom_float 所示。

```
//sketch 08_05_eeprom_float
#include <EEPROM.h>

float x = 12.34;
float y = 0;

void setup() {
  Serial.begin(9600);
  EEPROM_writeAnything(0, x);
  Serial.print("wrote x: ");
  Serial.println(x);
  int n = EEPROM_readAnything(0, y);
  Serial.print("read y: ");
  Serial.println(y);
  Serial.println(n);
}
```

注意，float 数据类型也是 4 字节长。

8.3.4 在 EEPROM 中存储字符串

从 EEPROM 读取和写入字符串，最好使用 **EEPROM_writeAnything** 函数来完成。sketch 08_06_eeprom_string 用一个从 EEPROM 读取和写入密码的示例说明了这一点。该 sketch 程序首先显示从 EEPROM 读取的密码，然后提示输入新的密码(见图 8-2)。设置密码后，可以拔下 Arduino 的电源，当再次接入电源并打开串口监视器时，旧的密码仍然存在。

```
//sketch 08_06_eeprom_string
#include <EEPROM.h>
const int maxPasswordSize = 20;
char password[maxPasswordSize];
```

```
void setup() {
  EEPROM_readAnything(0, password);
  Serial.begin(9600);
}

void loop() {
  Serial.print("Your password is:");
  Serial.println(password);
  Serial.println("Enter a NEW password");
  while (!Serial.available()) {};
  int n = Serial.readBytesUntil('\n', password,
          maxPasswordSize);
  password[n] = '\0';
  EEPROM_writeAnything(0, password);
  Serial.print("Saved Password: ");
  Serial.println(password);
}
```

图 8-2　提示输入新的密码

字符数组 **password** 的固定大小为 20 个字符，还必须包含'\0'结束标记。在 **startup** 函数中，从位置 0 开始的 EEPROM 的内容被读入 **password**。

loop 函数显示必要的信息，然后 **while** 循环什么也不做，直到串口通信到达，通过 **Serial.available** 指示返回值大于 0。**readBytesUntil** 函数将继续读取字符，直到遇到行结束符'\n'。正在读取的字节将被直接放入 **password** 字符数组中。

由于不知道输入密码的时间长短，因此读取字节的结果将存储在 **n** 中，然后将密码的元素 **n** 设置为"\0"以标记字符串的结尾。最后，将新的密码输出到串口监视器以确认密码已更改。

8.3.5　清除 EEPROM 中的内容

在将内容写入 EEPROM 时，请记住，即使上传新的 sketch 程序也不会清除 EEPROM 中的内容，因此之前的项目中可能会有数据残留。sketch 08_07_eeprom_clear 将 EEPROM 中的所有内容重置为 0：

```
//sketch 08_07_eeprom_clear
#include <EEPROM.h>

void setup() {
  Serial.begin(9600);
  Serial.println("Clearing EEPROM");
  for (int i = 0; i < 1024; i++) {
    EEPROM.write(i, 0);
  }
  Serial.println("EEPROM Cleared");
}

void loop() {}
```

另外请注意，EEPROM 只能写入约 10 万次，之后会变得不可靠。所以只有当真正需要时，才考虑把数据写入 EEPROM。EEPROM 的写入速度也很慢，写入一字节大约需要 3 毫秒。

8.4　压缩

将数据保存到 EEPROM 或使用 PROGMEM 时，有时会发现需要的存储空间比拥有的存储空间更多。当发生这种情况时，需要找出最有效的方式来表示数据。

范围压缩

你可能需要一个整数或 16 位的浮点数。例如，要以摄氏度表示温度，可以使用浮点值(如 20.25)。当把它存储到 EEPROM 中时，如果可以把它放到一个单独的字节中，任务将变得更加轻松，并且可以存储两倍于使用浮点数的数据。

一种可以实现这一点的方法是在存储数据之前更改数据。请记住，一字节允许存储 0～255 范围内的正数。因此，如果只关心最接近整数摄氏度的温度，那么可以简单地将浮点数转换为整数，并丢弃小数点后的部分。以下示例显示了如何执行此操作:

```
int tempInt = (int)tempFloat;
```

变量 **tempFloat** 包含浮点值，**(int)**命令被称为强制类型转换，用于将变量从一种类型转换为另一种兼容类型。在本例中，通过将数字截断，强制类型转换将浮点数 20.25 转换为整数 20。

如果知道所关心的最高温度是 60 摄氏度，最低温度是 0 摄氏度，那么可以将每个温度乘以 4，然后将其转换为字节并保存。当从 EEPROM 中读回数据时，可以将其除以 4，从而获得一个精度为 0.25 摄氏度的温度值。

下面的代码示例(sketch 08_08_eeprom_compress)演示了如何将这样的温度保存到 EEPROM 中，然后将其读回并显示在串口监视器中:

```
//sketch 08_08_eeprom_compress
#include <EEPROM.h>

void setup() {
  float tempFloat = 20.75;
  byte tempByte = (int)(tempFloat * 4);
  EEPROM.write(0, tempByte);

  byte tempByte2 = EEPROM.read(0);
  float temp2 = (float)(tempByte2) / 4;
  Serial.begin(9600);
  Serial.println("\n\n\n");
  Serial.println(temp2);
}

void loop(){}
```

还有其他压缩数据的方法。如果读取的是变化缓慢的数据(温度变化就是一个很好的例子)，那么可以记录第一个温度读数的全分辨率，然后记录对比上一次温度读数的变化值。这种变化通常会很小，占用的字节也较少。

8.5　本章小结

现在你知道了在电源断开后如何让数据继续保存在 Arduino 开发板上。在第 9 章将介绍关于显示器的内容。

第**9**章

显 示 器

在本章中，你将了解如何编写软件来控制显示器。图 9-1 展示了将使用的两种类型的显示器，左图是一台字母数字 LCD 显示器，右图是一台 128×64 像素的 OLED(Organic Light-Emitting Diode，有机发光二极管)图形显示器。这两种显示器在 Arduino 中非常流行。

本书是一本主要关注软件而不是硬件的书籍，但是在这一章中，将不得不稍微解释一下这些显示器的电子设备的工作原理，以便你了解如何驱动它们。

图 9-1 字母数字 LCD 显示器(左)和 OLED 显示器(右)

9.1 字母数字 LCD 显示器

使用的 LCD 模块是一个 Arduino 扩展板，可以插在 Arduino Uno 开发板上。

除了显示器，它还包含一些按钮。有许多不同的扩展板，但几乎所有的扩展板都使用相同的 LCD 控制器芯片(HD44780)，因此需要找到一块使用此控制器芯片的扩展板。

这里使用 DFRobot 的 Arduino LCD 键盘扩展板。DFRobot(详见链接[1])提供的这个模块价格低廉，带有一台 16 行 2 列的液晶显示屏，还包含 6 个按钮。

扩展板可以直接装配，所以不需要焊接，只需要插在 Arduino Uno 开发板上(见图 9-2)。

LCD 扩展板使用 7 个 Arduino 引脚来控制 LCD 显示器和一个用于控制按钮的模拟引脚，所以不能将这些引脚用于其他目的。

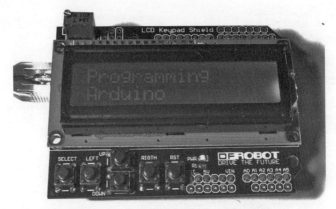

图 9-2　安装在 Arduino 开发板上的 LCD 扩展板

9.2　USB 留言板

作为一个使用显示器的简单例子，下面将制作一个 USB 留言板，显示从串口监视器发来的消息。

Arduino IDE 配有一个 LCD 库，这极大地简化了使用 LCD 显示器的过程。该库提供了许多有用的函数，可以调用:

- **Clear** 来清除任何正在显示的文本。
- **setCursor** 来设置行和列的位置，接下来要打印的内容将出现在这个位置。

- **print** 以在该位置写入一个字符串。

这个例子在 sketch 09_01_message_board 中给出：

```
//sketch 09_01_message_board
#include <LiquidCrystal.h>

// lcd(RS E D4 D5 D6 D7)
LiquidCrystal lcd(8, 9, 4, 5, 6, 7);
int numRows = 2;
int numCols = 16;

void setup() {
  Serial.begin(9600);
  lcd.begin(numRows, numCols);
  lcd.clear();
  lcd.setCursor(0,0);
  lcd.print("Arduino");
  lcd.setCursor(0,1);
  lcd.print("Rules");
}

void loop()
{
  if (Serial.available() > 0) {
    char ch = Serial.read();
    if (ch == '#') {
      lcd.clear();
    }
    else if (ch == '/') {
      // 新行
      lcd.setCursor(0, 1);
    }
    else {
      lcd.write(ch);
    }
  }
}
```

同所有的 Arduino 库一样，必须先在程序中包含这个库，使编译器知道要使用该库。

下一行代码定义了扩展板要使用哪个 Arduino 引脚以及用于什么目的。如果使用不同的扩展板，那么可能会发现引脚分配不同，因此请查阅扩展板的文档。

在本例中，用于控制显示器的 6 个引脚是 D4、D5、D6、D7、D8 和 D9。表 9-1 描述了每个引脚的用途。

表 9-1   LCD 扩展板引脚分配

发送到LCD的参数	Arduino 引脚	作　用
RS	8	用于寄存器选择，这个引脚被设置为 1 还是 0 取决于 Arduino 正在发送字符数据还是指令。例如，一条可能会使光标闪烁的指令
E	9	启用引脚；切换到此引脚，将告知 LCD 控制器芯片以下 4 个引脚上的数据已准备就绪待读取
Data 4	4	这 4 个引脚用于传输数据。扩展板使用的 LCD 控制器芯片可以使用八位或四位数据。我们使用的扩展板使用四位数据，在这种情况下，需要使用 4~7 位而不是 0~7 位
Data 5	5	
Data 6	6	
Data 7	7	

setup 函数很简单。首先打开串口通信，以便串口监视器可以发送命令并通过正在使用的显示器的尺寸来初始化 LCD 库。也可以通过将光标设置在左上角，打印 "Arduino"；然后将光标移到第二行的开头，打印 "Rules"；从而在两行显示 "Arduino Rules" 这条消息。

大部分操作都在 **loop** 函数中进行，它会检查串口监视器中是否有字符传入。sketch 程序一次处理一个字符。

除了显示普通字符，还可以显示一些特殊字符。如果字符是#，那么 sketch 程序将清除显示的所有内容，如果字符是/，程序会将光标移到第二行。此外，sketch 程序仅使用 **write** 来显示当前光标位置处的字符。函数 **write** 与 **print** 相似，但只打印一个字符而不是一串字符。

9.3　使用显示器

试着将 sketch 09_01_message_board 上传到 **Arduino** 开发板，然后连接扩展板。请注意，在插入扩展板之前，应该拔掉 Arduino 开发板，使其处于关闭状态。

打开串口监视器，尝试输入图 9-3 所示的文本。

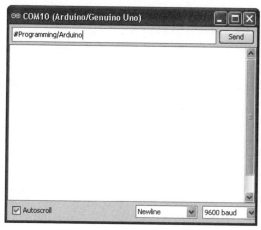

图 9-3　将命令发送到显示器

9.4　其他 LCD 库函数

除了本例中使用的函数，还可以使用一些其他函数。

- **home** 与 **setCursor(0,0)** 作用相同：将光标移到左上角。
- cursor 显示光标。
- **noCursor** 指定不显示光标。
- **blink** 使光标闪烁。
- **noBlink** 停止光标闪烁。
- **noDisplay** 在不移除内容的情况下关闭显示器。
- **display** 在 **noDisplay** 之后重新打开显示器。

- **scrollDisplayLeft** 将显示屏上的所有文本向左移动一个字符位置。
- **scrollDisplayRight** 将显示器上的所有文本向右移动一个字符位置。
- **autoscroll** 激活一种模式,在此模式下,当在光标处添加新的字符时,现有的文本被按照函数 **leftToRight** 和 **rightToLeft** 确定的方向推送。
- **noAutoscroll** 关闭 **autoscroll** 模式。

9.5　OLED 图形显示器

OLED 显示器亮度大、清晰度高,正快速取代消费类电器中的 LCD 显示器。这里描述的 OLED 显示器类型使用称为 I^2C 的接口总线,并采用 SD1306 驱动器芯片。它们可以从 eBay、Adafruit 以及互联网上的许多其他供应商处购买。可以寻找那些只有 4 个引脚的设备,因为这种设备最易用。

图 9-4 显示了连接到 0.96 英寸 OLED 显示器的 Arduino Uno。这些板子的分辨率为 128 像素×64 像素,并且是单色的,我们使用的是蓝色的板子。这些板的流行意味着 Arduino 社区已将驱动这些显示器的代码移植到了大多数 Arduino 兼容板上。

图 9-4　Arduino Uno 和 OLED 显示器

9.6 连接 OLED 显示器

可以使用母对公(female-to-male)跳线将 OLED 显示器连接到 Arduino,这些跳线可从包括 Adafruit 在内的许多供应商那里购买,应根据 Arduino 或 Arduino 兼容板的类型,选择是使用母对公跳线还是母对母跳线。为此,需要进行以下引脚连接:

- 将 OLED 显示器上的 GND 连接到 Arduino 开发板上的 GND。
- 将 OLED 显示器上的 VCC 连接到 Arduino 上的 5V。
- 将 OLED 显示器上的 SCL 连接到 Arduino 开发板上的 SCL 引脚。它们被标记在 Arduino Uno 的底部,如图 9-5 所示。
- 将 OLED 显示器上的 SDA 连接到 Arduino 开发板上的 SDA 引脚(见图 9-5)。

图 9-5 识别 Arduino Uno 的 SCL 和 SDA 引脚

I^{2}C 是一种通用于将传感器和显示器连接到微控制器(如 Arduino)的串行总线标准。除了 GND 和正电源引脚,还可使用数据引脚(SDA)和时钟引脚(SCK)通过一次发送 1 位串口数据与微控制器进行通信。

9.7 软件

sketch 09_02_oled 将以秒为单位计数到 9999,然后将计数重置为 0。

在上传到 Arduino 之前，需要找出显示器的 I²C 地址。这是一个十六进制数字，可能会写在 OLED 显示屏的背面。许多低成本的 eBay OLED 显示器使用的是 0x3c。

在编译 sketch 程序之前，还需要安装一些库。这些库可以直接从 Arduino IDE 的 Library Manager…中导入。可通过选择菜单选项 Sketch | Include Library | Manage Libraries…打开 Library Manager。然后向下滚动到 Adafruit GFX Library 并单击 Install 按钮(见图 9-6)。之后对 Adafruit SSD1306 库执行相同的操作。Arduino IDE 中默认已安装了 sketch 程序需要的 SPI 和 Wire 库。

```
//sketch 09_02_oled
#include <SPI.h>
#include <Wire.h>
#include <Adafruit_GFX.h>
#include <Adafruit_SSD1306.h>

Adafruit_SSD1306 display(128, 64, &Wire, -1);

void setup() {
  display.begin(SSD1306_SWITCHCAPVCC, 0x3c);  //可能需要更改此项
  display.setTextSize(4);
  display.setTextColor(WHITE);
}

void loop() {
  static int count = 0;
  display.clearDisplay();
  display.drawRoundRect(0, 0, 127, 63, 8, WHITE);
  display.setCursor(20,20);
  display.print(count);
  display.display();
  count ++;
  if (count > 9999) {
    count = 0;
  }
  delay(1000);
}
```

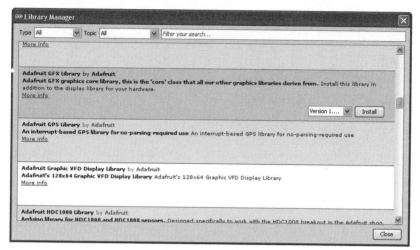

图 9-6　安装 Adafruit 库

该 sketch 程序开始导入所需的库，然后初始化 **display** 变量。需要提供的参数是某些 OLED 显示器(包括由 Adafruit 提供的那些)所具有的可选 "重置" 引脚的参数。如果显示器没有 "重置" 引脚，就将值设置为-1。

setup 函数初始化显示，可能需要将作为第二个参数提供的 I^2C 地址从 0x3c 更改为不同的值。然后设置字体大小为 4(大)、文字颜色为白色(除了黑色外的任何颜色都会以 LED 颜色显示)。

loop 函数清除显示，绘制圆角矩形，设置光标位置，然后打印计数值。显示器在命令 **display.display()** 运行之前不会真正更新。然后变量 **count** 递增并且有一秒的延迟。

Adafruit GFX 库提供各种各样的花式绘图程序，可以使用这些程序来显示图形。有关此库的文档，请访问链接[2]。

一些板(如 ESP32 板)能够在其任何 GPIO 引脚上使用 I^2C。为此，在 **setup** 函数中需要一行额外的代码来指定要使用的引脚。你可以在 sketch 09_03_oled_esp32 中找到这样的示例。新的代码行如下所示：

Wire.begin(17, 16); // SDA, SCL

9.8　本章小结

可以看出，对显示器进行编程并不难，特别是在有可以帮你做很多工作的库的情况下。

第 10 章将使用 Arduino 连接到网络和 Internet。

第**10**章
Arduino 物联网程序设计

物联网(Internet of Things，IoT)这个概念是指越来越多的设备连接到互联网上，这不仅意味着越来越多的计算机使用浏览器，还意味着实际的设备和可穿戴的便携式技术。这包括从智能电器和照明到安全系统，甚至互联网操作的宠物喂食器在内的各种家庭自动化设备，以及许多不太实用但有趣的项目。

在本章中，你将学习如何对支持 WiFi 的电路板进行编程，使其向 Internet 上的服务发送 Web 请求，并对设备进行编程，使其作为本地网络上的 Web 服务器。本章需要使用一个支持 WiFi 的开发板，如广泛使用的 Lolin32 Lite。

10.1 IoT 开发板

Arduino Uno 是入门 Arduino 的绝佳平台，但它缺乏 WiFi 硬件，尽管可以配备 WiFi 扩展板，但对于物联网项目来说，这需要投入大量的财力和精力。使用基于 ESP32 的电路板(如图 10-1 所示的 Lolin32)要实用得多。

ESP32 板有多种形状和尺寸，其中一些具有额外的功能，例如，电池连接器允许开发板通过通用串行总线(USB)为 LiPo 电池充电，然后在将其部署到项目中时使用它为开发板供电。你甚至可以找到一些 ESP32 板，上面带有像第 9 章中所述的微型有机发光二极管(OLED)显示器，甚至还配有微型摄像头。

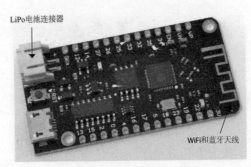

LiPo电池连接器

WiFi和蓝牙天线

图 10-1   Lolin32 Lite ESP32 开发板

10.2   将 ESP32 安装到 Arduino IDE 中

在第 6 章中首次介绍了 ESP32 类型的开发板，其中阐述了如何向 Arduino IDE 添加对 ESP32 类型开发板的支持。安装内核后，请选择与板匹配的板类型 (见图 10-2)。

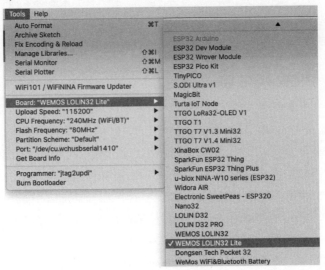

图 10-2   设置开发板类型

你还需要设置端口，如果上传时遇到问题，请尝试在 Tools 菜单中降低上传速度。在启动 IoT 代码之前，尝试上传一个简单的闪烁 sketch 程序，如 sketch 02_01_blink 或下面的 sketch 程序。请记住更改闪烁对应的引脚，使其成为板内置 LED 所连接的引脚。可以使用常量 LED_BUILTIN 来执行此操作。

```
void setup() {
  pinMode(LED_BUILTIN, OUTPUT);
}

void loop() {
 digitalWrite(LED_BUILTIN, HIGH);
 delay(500);
 digitalWrite(LED_BUILTIN, LOW);
 delay(500);
}
```

如果你一直在使用 Arduino Uno，那么关于 ESP32 板，你会注意到的第一件事是编译和上传需要花费较长的时间。

10.3　连接 WiFi

虽然 Arduino 可以使用 Ethernet 扩展板，但使用 WiFi 无线连接到网络通常更方便。这与你第一次将智能手机或计算机连接到家里的 WiFi 时所经历的过程相同。你需要向开发板提供网络名称(称为 SSID)和密码。在电话或计算机上，可以从列表中选择 SSID，然后在提示时输入密码。当连接使用 Arduino IDE 编程的开发板时，要将此信息放入 sketch 程序中。在 sketch 10_01_wifi_connect 中，只需要连接到网络，但这将构成本章中所有其他网络示例的基础。

```
//sketch 10_01_wifi_connect
#include <WiFi.h>

//更改网络的这两个参数
const char* ssid = "my network name";
const char* password = "my password";

void setup(void) {
  Serial.begin(9600);
```

```
  connectWiFi();
}

void connectWiFi() {
 WiFi.mode(WIFI_STA);
 WiFi.begin(ssid, password);
 while (WiFi.status() != WL_CONNECTED) {
  delay(500);
  Serial.print(".");
 }
 Serial.print("\nConnected to: ");
 Serial.println(ssid);
 Serial.print("IP address: ");
 Serial.println(WiFi.localIP());
}

void loop(void) {}
```

在将该 sketch 程序上传到 ESP32 板之前，需要更改两行代码中的 ssid 和 password，以匹配 WiFi 凭证。

当程序上传时，打开串口监视器，就可以看到正在发生的情况。你应该会看到如下内容：

```
.....
Connected to: MY_NETWORK
IP address: 192.168.1.229
```

当开发板连接到 WiFi 网络时，你将看到一系列圆点。几秒钟后，开发板将确认已连接，并在本地网络上报告开发板的 IP 地址。网络为连接到其上的每个设备都分配了一个 IP 地址。你可以将其视为网络上的设备名称，当需要与设备通信时就可以使用它。

毫无疑问，从代码顶部开始，我们首先导入了 WiFi 库。实际连接到网络的所有代码都包含在 **connectWiFi** 函数中。首先，将 WiFi 模式设置为 STA。这意味着开发板将连接到现有网络。**WiFi.begin** 调用启动了连接到网络的过程。由于这需要几秒钟的时间，因此接下来的几行代码将监控 WiFi 的状态并输出圆点，直到连接完成。之后，代码只向串口监视器发送消息，确认连接成功以及路由器分配给开发板的 IP 地址。

10.4　运行 Web 服务器

现在进一步以连接示例为例，让 ESP32 板充当 Web 服务器。这个小型开发板的功能和互联网上的大服务器是一样的。然而，正如你所料，这个服务器不能同时处理数千个连接(实际上，它一次只能处理一个连接)。另一个区别是，这个服务器只能在本地网络中可用。它只适用于本书的示例，对于其他场景来说并不适用。

当使用计算机或手机上的浏览器连接到这个服务器时，它所要做的就是在浏览器中显示一条消息，如图 10-3 所示。

图 10-3　Hello Web Server!

如果真的想要一个合适的 Web 服务器，那么有更好的硬件选择。在本例中，只是显示一条消息，但你可以想象一种情况，即 ESP32 开发板连接到一些传感器(可能是气象站)，然后它可以提供读数，这样你就能够从手机或计算机上查看这些读数。

下面是 sketch 10_02_webserver_hello 的代码，它使用了与前面的 sketch 程序相同的函数 **connectWiFi**。因此，为了简洁起见，下面的代码清单中省略了该函数，对 **loop** 函数也没有做更改。

```
//sketch 10_02_webserver_hello
#include <WiFi.h>
#include <WebServer.h>
#include <ESPmDNS.h>

// Change these 2 for your network!
const char* ssid = "my network name";
const char* password = "my password";
```

```
const char* hostname = "esp32";

WebServer server(80);

void handleRoot() {
  server.send(200, "text/html", "<h1>Hello World!</h1>");
}

void setup(void) {
  Serial.begin(9600);
  connectWiFi();
  if (MDNS.begin(hostname)) {
    Serial.println("Webserver started");
  }
  server.on("/", handleRoot);
  server.begin();
  Serial.print("Open your browser on http://");
  Serial.println(WiFi.localIP());
  Serial.print("this may also work: http://");
  Serial.print(hostname); Serial.println(".local");
}
```

代码中导入了一些新的头文件。WebServer.h 的用途应该很明了。另一个导入(ESPmDNS.h)提供了名为 mDNS(多播域名服务)的功能。这允许网络上的设备(除了 IP 地址),还可以通过名称来标识自己。mDNS 使用新的常量 **hostname**。

WebServer server(80);代码行设置一个运行在端口 80(所有 Web 服务器的默认端口)上的 Web 服务器。WebServer 库可以像大多数 Web 服务器一样,在浏览器需要时提供页面。默认页面是根页面或者索引页面,当 URL 只是主机而不指定页面时,就会看到这个页面,例如,图 10-3 所示的 http://192.168.1.229。

每当浏览器请求根页面时,都会调用 **handleRoot** 函数。该函数通过发送代码 200(无错误或重定向)、text/html 的内容类型和 HTML 标记<h1>Hello World!</h1>来响应浏览器。h1 标记意味着标题级别 1,这就是为什么当你在浏览器中看到它时,字体会变大。

在 **setup** 函数中,**MDNS.begin** 向 mDNS 注册主机名。mDNS 可能有效,也可能无效,这取决于所用的网络和用来尝试连接到 ESP32 Web 服务器的计算机,但 IP 地址应该始终有效。如果仅仅只是使用 IP 地址,那么可以省略整个 **if** 语句。

代码 server.on("/"，handleRoot);的作用是将根页面的服务器请求链接到 **handleRoot** 函数。

要尝试运行该 sketch 程序，不要忘记更改 ssid 和 password 以匹配自己的网络，然后将 URL 从串口监视器复制并粘贴到浏览器的地址栏中。

10.5　提供传感器读数

对于 Web 服务器来说，更现实的做法是报告来自 ESP32 开发板的传感器读数。ESP32 有一些触控引脚。当你触摸它们时，读数会下降。数值越低，触感越好。可以使用此工具来提供要在 Web 服务器上显示的值。我们将从这个示例的一个非常简单的版本开始介绍，只有当刷新页面时，读数才会更新，然后我们继续改进这个示例，这样网页上的读数就会自动更新。

该 sketch 程序的代码在 10_03_webserver_touch 中。sketch 程序中唯一要更改的部分是 **handleRoot** 函数和新的常量 **touchPin**。

```
//sketch 10_03_webserver_touch
void handleRoot() {
  String message = "<h1>Touch value: ";
  message += touchRead(touchPin);
  message += "</h1>";
  server.send(200, "text/html", message);
}
```

handleRoot 函数现在构建了一条要被发送到浏览器的消息，该消息仍然是 1 级标题(h1)，但是现在文本将显示用于感知触摸的引脚的值，并将其定义在常量 **touchPin** 中。

尝试上传该 sketch 程序(不要忘记更改 ssid 和 password)，你应该会看到如图 10-4 所示的内容。

把你的手指放在 ESP 开发板的 13 号引脚上，同时单击浏览器上的 Reload 按钮，读数应该会变成一个更低的值。

Touch value: 58

图 10-4　从 ESP32 Web 服务器提供触摸读数

10.6　提供传感器读数——改进版

必须单击浏览器中的 Load 按钮才能获得更新后的读数，这有点强人所难。要解决这个问题，以便读数能自动更新，需要向根页面添加一些 JavaScript 代码，告诉浏览器如何定期获取要显示的值，然后让浏览器更新它所显示的页面。

但是，我们在 Arduino sketch 程序中看到的代码实际运行在什么地方，这个问题可能会令人非常困惑。由于有些代码还使用了另一种编程语言(如 JavaScript)，即浏览器所使用的编程语言，因此问题就更加复杂化了。

我们将按如下方式更改 Web 服务器代码：

- 将根页面的内容放入一个单独的文件中。这个根页面不仅包含显示读取内容的 HTML 标记，而且至关重要的是，该页面还将向浏览器提供更新页面所需的 JavaScript 代码。
- 向 Web 服务器添加第二个页面(称为 touch)，该页面响应一个简单的文本值，即触摸读数。

指向根页面的 Web 浏览器只需加载页面内容一次，而显示页面的浏览器每半秒钟就会重复请求从 touch 页面读取内容。

当你上传该 sketch 程序时，它看起来与图 10-4 相同，但重要的是，当你触摸或释放引脚时，触摸读数会自动更新，而不需要重新加载页面。

这个 sketch 程序的大部分代码已经解释过。接下来我们介绍新增的代码部分。

首先，当打开这个 sketch 程序时，将看到 Arduino IDE 的编辑器窗口中存在两个选项卡。常见的一个被标记为 10_04_webserver_touch_auto，而新的被标记为 index.h。Arduino sketch 程序通常足够小，因此不需要将其拆分为单独的文件。但在本例中，这样做非常有用。要将新文件添加到 sketch 程序中，请单击选项卡最右边的下拉图标(见图 10-5)，然后选择 New Tab 选项。系统将提示你输入文件名。

图 10-5　向 sketch 程序中添加文件

下面是 index.h 文件的内容。

```
char *index_template = "                                        \
<script>                                                         \
function get_reading() {                                         \
  const request = new XMLHttpRequest();                          \
  request.open('GET', '/touch');                                 \
  request.send();                                                \
  request.onload = function() {                                  \
    if (request.status === 200) {                                \
      value_got = request.responseText;                          \
      field = document.getElementById('value_field');            \
      field.textContent = value_got;                             \
      window.setTimeout(get_reading, 500);                       \
    }                                                            \
  }                                                              \
}                                                                \
get_reading();                                                   \
```

```
                                                       \
</script>                                              \
<h1>Touch Value: <span id='value_field'/></h1>        \
";
```

该文件实际上是合法的 Arduino C 代码，用于定义字符串并将其赋给一个名为 **index_template** 的常量。每行右侧的\字符是字符串延续字符，允许字符串分布在多行上，以便于阅读。

详细介绍 JavaScript 已超出了本书的讨论范围，但是在解释这个示例的用法时，你应该不难理解它的作用。index.h 文件的内容实际上分为两部分：包含在<script>标记中的 JavaScript 代码，以及包含在<h1>标记中的一些常规 HTML。请记住，此 JavaScript 代码不会在 ESP32 板上运行。ESP32 板只是将其发送到浏览器，以便浏览器可以运行它。JavaScript 代码首先定义了一个名为 **get_reading** 的函数(就像 Arduino C 函数一样)，然后调用了该函数一次。下面是 **get_reading** 函数的功能介绍：

- 定义一个"get"类型的 Web 请求(获取一个值)来访问页面"touch"，然后将其发送到 Web 服务器。
- 定义一个新的无名函数，并在 Web 服务器完成向浏览器发送数据后将其与所运行的 request.onload 相关联。
- 在该无名函数中，获取发送回的触摸值(value_got)，并使用它更新显示读数的 HTML 的<span>标记。使用 **window.timeout** 计划在 500 毫秒后再次调用 **get_reading**。

下面将注意力转向主 sketch 程序，以下是代码清单，为了简洁起见，此处省略了 **connectWiFi** 和 **loop** 函数。

```
//sketch 10_04_webserver_touch_auto

#include <WiFi.h>
#include <WebServer.h>
#include <ESPmDNS.h>
#include "index.h"

const char* ssid = "my network name";
const char* password = "my password";
const char* hostname = "esp32";
```

```
const int touchPin = 13;

WebServer server(80);

void handleRoot() {
  server.send(200, "text/html", index_template);
}

void handleTouch() {
  server.send(200, "text/plain", String(touchRead(touchPin)));
}

void setup(void) {
  Serial.begin(9600);
  connectWiFi();
  if (MDNS.begin(hostname)) {
    Serial.println("Webserver started");
  }
  server.on("/", handleRoot);
  server.on("/touch", handleTouch);
  server.begin();
  Serial.print("Open your browser on http://");
  Serial.println(WiFi.localIP());
  Serial.print("this may also work: http://");
  Serial.print(hostname); Serial.println(".local");
}
```

首先要注意的是，index.h 文件中有一个新的#include 行。这基本上允许
index.h 文件的所有内容都包含在主 sketch 文件中，同时允许将其保存在一个单
独的文件中。事实上，如果你要将 index.h 文件的内容剪切并粘贴到主 sketch
文件中，那么在没有提供该文件的情况下，sketch 程序也会像之前一样正常运行。

　　sketch 程序的另一个有趣之处是使用了一个名为 **handleTouch** 的新函数。
当浏览器从 Web 服务器请求页面"touch"时，将调用该函数。它使用包含在
字符串中的触摸读数来响应浏览器。

　　为了允许 Web 浏览器处理这个新网页，下面这行代码使用 **handleTouch** 函
数将请求关联到"touch"页面：

```
server.on("/touch", handleTouch);
...
```

很容易看出如何修改这个示例以便在网页上显示温度或其他更有用的传感器数据。

10.7 从网页打开和关闭内置的 LED

现在你知道了如何在网页上显示读数,以及如何向网页发送命令从而让 ESP32 执行某些操作,例如,打开和关闭内置的 LED。可以用与前面示例中类似的方法来完成这些操作,其中主网页被加载到浏览器一次,然后浏览器负责向服务器发送进一步的 Web 请求,从而打开和关闭 LED。图 10-6 显示了完成这一任务的最小化用户界面。

Switch

图 10-6 Switch 页面

当按下 On 按钮时,ESP32 的内置 LED 会亮起;当单击 Off 按钮时,则会熄灭。

与前面的示例一样,根页面的内容保存在 index.h 文件中。

```
char *index_template = "                                    \
<script>                                                     \
```

```
    function post_switch_status(state) {                       \
        const request = new XMLHttpRequest();                  \
        request.open('POST', '/switch');                       \
        request.send(state.toString());                        \
    }                                                          \
</script>                                                       \

<h1>Switch</h1>                                                 \
<button onClick='post_switch_status(1)'>On</button>            \
<button onClick='post_switch_status(0)'>Off</button>           \
";
```

与前面的示例一样，index.h 文件的内容被分割为要在 Web 浏览器上运行的 JavaScript 代码和 HTML 用户界面元素。用户界面由两个按钮标记组成，每个按钮标记都会调用 JavaScript 函数 **post_switch_status**，其参数为 1 或 0，具体取决于 LED 是打开还是关闭。JavaScript 函数本身向"switch"页面发送一个 Web 请求，而将状态(0 或 1)作为数据发布到 Web 服务器。

查看该 sketch 程序本身，可以发现，该程序与上一个 sketch 程序的主要区别在于 **handleSwitch** 函数：

```
//sketch 10_05_webserver_switch

void handleSwitch() {
  String stateStr = server.arg(0);
  Serial.println(stateStr);
  if (stateStr == "1") {
    digitalWrite(ledPin, LOW);
  }
  else if (stateStr == "0") {
    digitalWrite(ledPin, HIGH);
  }
  server.send(200, "text/plain", "");
}
```

对于第一次(也是唯一一次)发送的数据，该函数首先重试以 server.args(0) 的形式发送到页面的数据。然后，根据发送的数据，在将 LED 的 GPIO 引脚设置为 HIGH 或 LOW 之前，将其输出到串口监视器上，作为一个有用的调试工具。请注意，在我使用的 Lolin32 Lite 上，LED 的逻辑是相反的，因此 LOW 意味着打开 LED。

虽然这个示例只是打开或关闭 LED，但该引脚可以控制继电器打开或关闭功能更强大的部件。

10.8　连接到 Web 服务

到目前为止，所有示例都涉及在 ESP32 上运行本地 Web 服务器。本例将研究 ESP32 如何像浏览器一样，使用它从互联网获取的数据来做一些事情。在本例中，使用 Open Weather Map Web 服务来查找特定位置的当前室外温度，并在第 9 章使用的 OLED 显示器上显示温度和位置，如图 10-7 所示。

图 10-7　显示来自 Open Weather Map Web 服务的温度

在这个项目中，我使用了 Lolin32 Lite ESP32 板。该板没有断开引脚 21，它是带有 Arduino 的 ESP32 的默认 I^2C 引脚之一。幸运的是，很容易将 I^2C SDA 和 SCL 引脚与 ESP32 板上的任何引脚相关联。因此，在本例中，布线(见图 10-7)如下：

- GND 连接到 GND
- OLED 显示器上的 VCC 连接到 Lolin32 上的 3 V
- OLED 显示器上的 SCL 连接到 Lolin32 上的 16 号引脚
- OLED 显示器上的 SDA 连接到 Lolin32 上的 17 号引脚

如果你每月对其 API(Application Programming Interface，应用程序编程接口)的请求调用次数低于 100 万次，则 Open Weather Map Web 服务是免费的，但要使用它，还需要通过链接[1]注册各自的免费层级。注册后将提供一个访问密钥，允许你连接到他们的服务以获取天气数据。要获取密钥，请先登录，然后单击账户名称上的下拉菜单，并选择 My API Keys 选项(见图 10-8)。

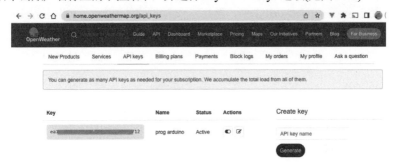

图 10-8　创建 API 密钥

可通过输入名称(任何名称都可以)，然后单击 Generate 按钮来创建新密钥。这将创建一个长密钥，你需要将其复制并粘贴到 sketch 程序上。还需要指定天气 API 的纬度和经度。查找此信息的一种方法是在浏览器中打开谷歌地图并选择某个位置。当在该位置单击时，将弹出纬度和经度，如图 10-9 所示。

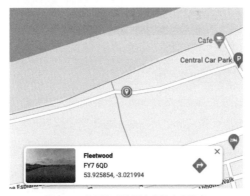

图 10-9　使用谷歌地图查找纬度和经度

代码很长，因此在描述其操作时打开了 sketch 10_06_weather_api。此外，还需要对 sketch 程序中的网络和密钥进行一些常规更改。

```
const char* ssid = "my network name";
const char* password = "my password";
const char* url =
```

```
"http://api.openweathermap.org/data/2.5/weather?lat=
53.925854&lon=-3.021994&appid=ea751fc712f28759e8a97613b712";
```

更改 **ssid** 和 **password** 的值，使其与 WiFi 网络的值一致，然后粘贴 **lat** 和 **long** 的新值，并用之前生成的密钥替换 **url** 变量末尾的 **appid** 长字符串。可以通过复制并粘贴到浏览器顶部的地址栏来测试该 URL。你将得到如下响应：

```
{"coord":{"lon":-3.022,"lat":53.9259},"weather":[{"id":802,
"main":"Clouds","description":"scattered clouds","icon":
"03d"}],"base":"stations","main":{"temp":282.52,"feels_like":
279.92,"temp_min":281.54,"temp_max":283.84,"pressure":1019,
"humidity":67,"sea_level":1019,"grnd_level":1018},"visibility":10000,
"wind":{"speed":5.08,"deg":75,"gust":6.31},"clouds":{"all":28},"dt":
1650881760,"sys":{"type":1,"id":1411,"country":"GB",
"sunrise":1650862127,"sunset":1650915062},"timezone":3600,"id":2649312,
"name":""Fleetwood","cod":200}
```

来自 API 的响应采用 JSON 格式。它由属性和值对组成，用花括号分组，并用逗号分隔。需要从中提取 temp 和 named 的值。继续编写下面的代码：

```
const long fetchPeriod = 60000L; // milliseconds long lastFetchTime = 0;

Adafruit_SSD1306 display(128, 64, &Wire, -1);

int tempC = 0;
String placeText = String("Looking up..");
```

变量 **fetchPeriod** 和 **lastFetchTime** 用于控制向 API 发送请求的频率和显示器更新的频率。全局变量 **tempC** 和 **placeText** 用于保存想要显示的值。

```
void setup(void) {
  Wire.begin(17, 16); // SDA, SCL
  display.begin(SSD1306_SWITCHCAPVCC, 0x3c);
  display.setTextColor(WHITE);
  display.setTextSize(1);
  Serial.begin(9600);
  connectWiFi();
  getWeatherData();
  updateDisplay();
}
```

在 **setup** 函数中，显示器被初始化。Serial 也已启动，但仅用于测试消息。

与其他网络相关的 sketch 程序一样，我们称之为 **connectWiFi**。但如果你仔细
了解这个函数，就会发现它并没有向串口监视器写入进度信息，而是将其显示
在 OLED 显示屏上。最后，**setup** 函数调用了 **getWeatherData**，然后调用
updateDisplay，稍后会讨论这个问题。

```
void loop(void) {
  long now = millis();
  if (now - lastFetchTime > fetchPeriod) {
    lastFetchTime += fetchPeriod;
    getWeatherData();
    updateDisplay();
  }
}
```

　　如果 **fetchPeriod** 已经过期，**loop** 函数将调用 **getWeatherData** 和
updateDisplay。现在开始讨论对 **getWeatherData** 函数中包含的 API 的关键调用。

```
void getWeatherData() {
  if (WiFi.status() != WL_CONNECTED) {
    connectWiFi();
  }
  HTTPClient client;
  client.begin(url);
  int responseCode = client.GET();
  if (responseCode == HTTP_CODE_OK) {
    String data = client.getString();
    String tempText = extractValue(data, "\"temp\":", false);
    tempC = tempText.toInt() - 273;
    placeText = extractValue(data, "\"name\":", true);
  }
}
```

　　这个函数首先检查开发板是否连接到 WiFi，如果没有，就调用
connectWiFi。然后使用前面定义的 **url** 变量创建客户端连接。对 API 的 Web
请求实际上是在调用 **client.getString** 时发出的。为了从数据中提取温度和位置
名称，使用了函数 **extractValue**，对于本例中的温度，使用 **toInt** 方法将字符串
结果转换为 **int**。**extractValue** 函数是一个十分有用的函数，你可能希望在自己
的 IoT 项目中使用它。

```
String extractValue(String data, char* key, boolean isString) {
  int valueStartIndex = data.indexOf(key);
  int n = strlen(key);
  String value = "";
  if (valueStartIndex > -1) {
    valueStartIndex += n;
    int valueEndIndex = data.indexOf(",", valueStartIndex);
    if (isString) {
      valueStartIndex ++;
      valueEndIndex --;
    }
    value = data.substring(valueStartIndex, valueEndIndex);
    Serial.println(value);
    return value;
  }
  return String("");
}
```

extractValue 函数使用 String 的 **indexOf** 方法来查找文本正文中 key 的起始位置。key 的长度被添加到 **valueStartIndex** 以查找值的第一个位置。然后再次使用 **indexOf** 查找数据值的结尾(搜索逗号)。**indexOf** 的第二个可选参数是起始位置。

这个函数的一个微妙之处在于 **isString** 参数。如果将该参数设置为 **true**，则通过将 **valueStartIndex** 增加 1 并将 **valueEndIndex** 减少 1，就可以从字符串的任意一端删除一个额外字符。这样可删除字符串周围的引号。

updateDisplay 函数通过定位光标并使用不同大小的字体来显示温度和位置信息。

```
void updateDisplay() {
  display.clearDisplay();
  display.setCursor(0, 0);
  display.setTextSize(6);
  display.print(tempC);
  display.setTextSize(2);
  display.print("C");
  display.setCursor(0, 54);
  display.setTextSize(1);
  display.println(placeText);
  display.display();
}
```

可以很容易地对这个项目进行调整，以显示有关当前天气的其他信息，甚至可以显示由 Open Weather Map 提供的其他 API 信息，如天气预报信息。

10.9　本章小结

本章编写了一些 Arduino sketch 程序，让配备了 WiFi 的开发板既可以作为本地网络上的 Web 服务器，又能够通过 Internet 调用 Web 服务。其中大部分代码都可以在你的项目中使用，并为后续学习奠定坚实的基础。